AF550211

Mounir Zitouni

Teams erfolgreich führen

Mounir Zitouni

TEAMS
ERFOLGREICH FÜHREN

Die besten Strategien
von Klopp, Rangnick & Co.
für dein Leadership

Bibliografische Information der Deutschen Nationalbibliothek
Die Deutsche Nationalbibliothek verzeichnet diese Publikation in der Deutschen Nationalbibliografie; detaillierte bibliografische Daten sind im Internet über *www.dnb.de* abrufbar.

metro**politan** – ein Imprint des Walhalla Fachverlags

1. Auflage 2024

Produktion: Walhalla Fachverlag, 93042 Regensburg
Umschlaggestaltung: Karsten Molesch, Wedemark
Printed in Germany
ISBN 978-3-96186-074-6

INHALT

ANSPRACHE VON RALF RANGNICK

Erfolg im Fußball ist kein Zufall und hat sehr viel mit den Führungsqualitäten der verantwortlichen Trainerinnen und Trainer zu tun.

Ich selbst war in jungen Jahren sehr vom italienischen Trainer Arrigo Sacchi beeindruckt und inspiriert. Natürlich, die Spiele wurden von seiner Mannschaft gewonnen, doch die Verantwortung, wie AC Milan spielte, die hatte Sacchi. Die innovative Taktik allein hätte aus seinem Team keine Sieger gemacht. Damit seine Strategie umgesetzt wurde, damit sein Team erfolgreich war, damit die Teammitglieder mit Motivation, Leidenschaft und Kompetenz an ihre Aufgaben gingen, brauchte es Leadership. Und Sacchi hatte genau das. Er verband menschliche Qualitäten mit herausragendem fachlichem Know-how.

Führung ist ein absoluter Schlüsselpunkt. Deshalb sollten Trainerinnen und Trainer sowie Führungskräfte nicht nur fachlich top sein, sondern sich vor allem Gedanken über ihre Führungsfähigkeiten machen: Wie kommuniziere ich? Wie gehe ich mit meinen Spielern und Mitarbeitenden um? Erreiche ich mein Team? Wie wirke ich? Nutze ich das ganze Potenzial der Gruppe? Wichtige und gute Fragen, die Leader sich immer wieder stellen sollten.

Mit einer Kompetenz ist es dabei nicht getan. Ein Team braucht Orientierung auf allen Ebenen. Die Klaviatur, die ein Leader auf dem Feld der Führungsqualitäten bedienen muss, ist breit. Man muss sich stetig weiterentwickeln und auf der Höhe bleiben. Die wichtigsten Eigenschaften sind für mich: Optimismus, Neugier und Entschlossenheit.

Insofern taugt der Alltag von Trainerinnen und Trainern auch für den Vergleich mit Führungskräften in Unternehmen. Denn diese brauchen – unter anderen Bedingungen – die gleichen Fähigkeiten. Die Wirtschaft kann sich insgesamt einiges vom Fußball abschauen: Wie Teams richtig aufzustellen sind, die klare Kommunikation von Zielen, die Flexibilität und Anpassungsfähigkeit, den Umgang mit Druck und auch, was die Art und Weise angeht, wie man in der Herausforderung das Team zu Höchstleistungen motiviert.

Insofern ist das Buch von Mounir Zitouni ein wertvoller Beitrag für alle, die Teams und Menschen führen – egal in welcher Branche. Ich selbst durfte als erster Gast den LEADERTALK-Podcast von Mounir erleben und fand es bereichernd und inspirierend, in dieser Tiefe über das wichtige Thema der Führung zu reden. Mounir hat mittlerweile in seinem Podcast mit beinahe 60 tollen Persönlichkeiten zum Thema Führung gesprochen. Es gibt wohl keinen anderen Menschen in Deutschland, der sich des Themas „Leadership im Fußball“ so intensiv angenommen hat wie Mounir.

Diese Gespräche sind ein echter Gewinn für alle, die sich für Führung interessieren. Umso schöner, dass es nun dieses Buch gibt, mit vielen verschiedenen Aspekten und spannenden Aussagen von über 50 Trainerinnen und Trainern zum Thema Führungskompetenzen. Ich freue mich, dass ich Teil dieses Buch sein darf und wünsche Mounir viele Leserinnen und Leser und weiterhin diese Neugier und Kreativität, die ihn antreiben.

Ralf Rangnick

ANPFIFF!

55 Fußballtrainerinnen und -trainer kommen in diesem Buch zu Wort. Mit den meisten von ihnen habe ich im Rahmen meiner Podcast-Reihe LEADERTALK persönlich gesprochen. Diese Gespräche mit Trainerinnen und Trainern wie Jürgen Klopp, Ralf Rangnick oder Inka Grings sind das Fundament für meine Gedanken zum Thema Führungskompetenzen.

Irgendwann bemerkte ich, dass nicht nur Fußballfans oder angehende Trainerinnen und Trainer meinen Podcast hörten, sondern auch Menschen, die die Leadership-Gedanken der Fußballcoaches auf ihren Berufsalltag übertragen. Das gab mir den Impuls zu dieser Buchidee. Ich fand die Frage spannend, welche Erkenntnisse aus all den Beschreibungen, Erzählungen und Überzeugungen der Trainerinnen und Trainer auf die Herausforderungen von Führungskräften im Hinblick auf Teamführung abzuleiten sind. Deshalb hinterfragte ich: Was eint erfolgreiche Trainerinnen und Trainer, was unterscheidet sie? Was ist die Quintessenz aus all diesen Gesprächen? Was sind die wichtigsten Leadership-Qualitäten, die es braucht, damit Teams überhaupt erfolgreich sind?

Ich wollte beschreiben, was einige der besten Fußballcoaches des Landes in ihrem Führungsverhalten scheinbar richtig machen und was sich Führende davon abschauen können. Dazu hörte ich mir alle Gespräche noch mal intensiv an, um die wichtigsten Botschaften festzuhalten, ich besuchte Ottmar Hitzfeld, um weiteren Input zu bekommen, schaute mir Reportagen zu

Erfolgsgeschichten aus dem Fußball an, etwa die des FC Arsenal, und las Biografien von Thomas Tuchel, Jürgen Klinsmann, Hermann Gerland oder Frank Schmidt, um den Horizont zu erweitern.

Am Ende sah ich eine klare Struktur von zwölf Eigenschaften vor mir, unterteilt in drei entscheidende Kernkompetenzen, ohne die erfolgreiches Führen von Teams meiner Meinung nach nicht funktioniert: Autorität, Liebe und Persönlichkeit. Ich bin davon überzeugt, dass es Fähigkeiten aus allen diesen Feldern braucht, um eine erfolgreiche Führungskraft zu sein. Das heißt aber nicht, dass nur der erfolgreich ist, der alle zwölf Kompetenzen besitzt.

Ich zeige unterschiedliche Wege auf, um Teams zum Erfolg zu bringen, denn es gibt nicht nur den einen Aufstieg zum Gipfel. Jürgen Klopp steht sicherlich mehr für Empathie als Felix Magath, doch Magath wiederum war mit seinen Teams dank seiner autoritären Art der Führung erfolgreich. Und Thomas Tuchel verdankt seinen Erfolg in meinen Augen vor allem seiner Akribie. Was allerdings in diesem Buch auch klar wird, ist, dass es auf die Mischung ankommt: Es braucht Autorität, es braucht Liebe und es braucht Persönlichkeit. In welchem Mischverhältnis man seine Führung ausgestaltet, hat sicherlich Spielraum. Doch ohne diese Balance hat man mittel- und langfristig wenig Chancen, erfolgreich ein Team zu führen.

In diesem Buch kommen auch Trainerinnen und Trainer zu Wort, bei denen manche Leserin und mancher Leser vielleicht einwenden können: „Ja, und warum hat dieser Coach denn trotz seiner schlauen Gedanken bei Verein X oder Y keinen Erfolg gehabt und wurde gefeuert? Wenn er es denn so gut weiß, warum wendet er das nicht in der Praxis an?“ Zunächst einmal: Alle Trainerinnen und Trainer, mit denen ich gesprochen habe, waren auf ihre individuelle Art und Weise an vielen Stellen erfolgreich – und darauf konzentriere ich mich in der Analyse.

Meine Ausgangsfrage ist nicht: Was habt ihr falsch gemacht? Ich hinterfrage: Worin wart ihr gut? Was hat geklappt? Welche Dinge haben funktioniert? Wieso ist ein Jupp Heynckes in Frankfurt gescheitert, hat dann aber in Madrid und München sensationelle Triumphe gefeiert? Thomas Letsch musste in Aue nach drei Spielen gehen, machte in Arnheim und Bochum aber einen tollen Job. Gegensätzlichkeiten, die ich in diesem Buch gar nicht auflösen will. Stattdessen zeige ich auf, welche zwölf Führungskompetenzen bei 55 Trainerinnen und Trainern eine Rolle gespielt haben, damit sie mit ihren Teams erfolgreich waren.

UNSERE TAKTIK

Wie in der realen Fußballwelt sind weibliche Fußballcoaches in diesem Buch leider in der klaren Minderheit. Außer mit den Trainerinnen Silvia Neid und Inka Grings habe ich nur mit Männern gesprochen. Das finde ich nicht gut, ist aber meinem Anliegen geschuldet, mit den besten und bekanntesten Fußballtrainerinnen und -trainern des Landes über Führung sprechen zu wollen – und das waren und sind leider immer noch zum allergrößten Teil Männer. Selbstverständlich richtet sich dieses Buch an alle Führungskräfte und alle Fußballinteressierten, egal ob männlich oder weiblich. Sämtliche Ableitungen und Learnings sind für alle Führungskräfte gleichermaßen von Relevanz. Da dennoch die männlichen Trainer in der Überzahl sind, spreche ich im Buch in erster Linie von ihnen, den „Trainern“ und verzichte weitestgehend auf das Gendern. Das gilt auch für die Mitglieder der Mannschaft, für die ich allgemein den Begriff „Spieler“ verwende. Selbstverständlich sind damit auch die „Spielerinnen“ gemeint. Bezogen auf den Unternehmenskontext spreche ich meist von „Führungskräften“ und „Mitarbeitenden“, um damit die rein männliche Ansprache zu vermeiden.

Mir geht es tatsächlich um Führende, egal ob es sich nun um Frauen oder Männer handelt.

Zitate, die aus meinen Podcast-Folgen stammen, sind kursiv markiert. Das macht das Lesen einfacher und unterstreicht auch die Relevanz: Der Mehrwert dieses Buches liegt in den Aussagen der Trainerinnen und Trainer. Sie sind die Schätze, die dadurch besser hervorgehoben werden.

Das Ende eines jeden Abschnitts bildet jeweils „DIE DREIERKETTE“: Der Leitsatz formuliert die Grundaussage des soeben Gelesenen. Danach fasse ich die wichtigsten Learnings zusammen, die man in Bezug auf die jeweilige Kompetenz der Trainerinnen und Trainer mitnehmen kann. Abschließend stelle ich drei gute Fragen, die sich jede Führungskraft selbst stellen sollte, um das eigene Team künftig noch erfolgreicher zu führen.

Dieses Buch lebt von den Zitaten der Trainerinnen und Trainer. Die AUFSTELLUNG liefert einen Überblick über alle erwähnten Coaches in alphabetischer Reihenfolge. Dort lässt sich schnell nachschlagen, auf welchen Seiten die Zitate zu finden sind. Zudem unterstreicht jeweils eine Kurzvita meine Entscheidung, warum ich diese Personen zu den erfolgreichsten Vertreterinnen und Vertretern ihrer Zunft zähle und sie als Ratgeber für Führungskräfte ausgewählt habe: Sie haben ihre Mannschaften, ihre Spielerinnen und Spieler, ihre Teams erfolgreich geführt.

Und nun wünsche ich euch viel Spaß beim Lesen!

Mounir Zitouni

1
AUTORITÄT

Ich war ein wenig aufgeregt an jenem 27. August 2020, als ich das allererste Interview für meinen Podcast LEADERTALK aufnehmen wollte. Ich hatte erst wenige Wochen zuvor die Idee geboren, dass es doch ganz interessant sein müsste, mit den besten Fußballtrainern Deutschlands über ihre Art des Führens und ihre Leadership-Prinzipien zu reden. Einen Gesprächsraum zu öffnen, in dem es nicht um den letzten Bundesligaskandal ging, nicht um Bayern München, die Kommerzialisierung des Fußballs oder taktische Entwicklungen. Nein, es sollte monothematisch um das gehen, was Trainer tagein, tagaus machen: kommunizieren, anleiten, fördern und fordern.

Mich interessierten die Gedanken zu der Frage: Was braucht es, damit Teams erfolgreich sind? Ein Gespräch ohne laute Töne, ohne Schlagzeilen, sondern mit Reflexion und Tiefgang über ein so wichtiges Thema wie Menschenführung. Ich dachte mir, das müsste auch die professionellen Übungsleiter interessieren, mal ein „anderes" Gespräch zu führen. Ich bastelte mir ein Cover, meldete mich bei einem Podcast-Anbieter an, bei dem man dank einer praktischen App das Gespräch vom Telefon direkt hochladen konnte, und überlegte mir potenzielle Gesprächspartner.

Ich hatte in den Jahren als Journalist die eine oder andere Nummer von Trainern gesammelt. Da musste doch was zu machen sein. Und das war es auch. Mein erster Gast war Ralf Rangnick. Es gibt schlechtere Namen.

Ralf hatte ich erst ein Jahr zuvor intensiver kennengelernt. Er kannte mich als kicker-Journalist, doch bis auf Fragen, die ich ihm bei Pressekonferenzen stellte, hatten wir nie länger gesprochen. Bei einer Veranstaltung in Frankfurt ging ich auf ihn zu und erzählte ihm, dass ich kein Journalist mehr sei, sondern Businesscoach, und fragte, ob wir uns mal treffen könnten, um uns auszutauschen. Er war sofort einverstanden und ich dachte mir: Ja, man muss manchmal einfach fragen und die Dinge proaktiv angehen, sonst passiert nie etwas.

Ich fuhr zu ihm nach Leipzig und wir führten ein dreistündiges Gespräch, bei dem Ralf, der mir bei dieser Gelegenheit das Du anbot, eine beeindruckende Offenheit an den Tag legte. Er sprach nicht nur über Verhandlungen mit Vereinsführungen über eventuelle Engagements, sondern auch über schwere persönliche Krisen und wie er damit umgegangen war. Seitdem verband uns etwas, auch wenn wir uns nicht oft sahen. Er sagte sofort zu, als ich ihn fragte, ob er mein Premierengast sein wolle.

Wir nahmen das Gespräch digital auf. Die Tonqualität war miserabel, doch unser Austausch war großartig und sehr besonders. Die ganze Zeit über feierte ich Rangnick innerlich, den das Thema der Führung brennend interessierte. Er hatte schon oft seine Gedanken an verschiedenen Stellen über Leadership-Themen weitergegeben, und dennoch vermittelte er mir in diesem Moment das Gefühl, er habe nur darauf gewartet, sein Wissen und seine Erfahrungen so gebündelt loszuwerden. Er war total „on fire" – eine Begeisterungsfähigkeit, die viele Menschen, die mit ihm zusammenarbeiteten, ebenfalls so erlebt haben.

Ein Satz von ihm wurde zu einem Schlüsselsatz für mich in Sachen Führung, den ich seitdem schon zigmal zitiert habe, weil er zwei wichtige Pfeiler von Führung gut auf den Punkt bringt. Er sagte damals: ***Bevor der erste unserer beiden Söhne auf die Welt kam, sind meine Frau und ich zu einem Elternseminar gegangen, weil für mich klar war, dass es für alles im Leben – egal, was du machst, beruflich oder privat – eine Ausbildung braucht. Wir sind also zu einem Elternseminar gegangen und*** *ich erinnere mich noch genau an die Kernbotschaft. Die Überschrift lautete: Mit Liebe und Konsequenz. Und nichts anderes steckt in einer guten Führung.*[1]

Liebe und Konsequenz. Wie wahr. In einer abgewandelten Form hatte das schon Johann Heinrich Pestalozzi, der meiner Meinung nach viel zu vernachlässigte deutsche Pädagoge, gesagt. Ihm hatte ich während meines Pädagogikstudiums in Frankfurt viel Zeit gewidmet. Er kam mir an dieser Stelle wieder in den Sinn, denn er hatte schon im 19. Jahrhundert in seinen Thesen zur besten Erziehung von Kindern von zwei derartigen Bojen gesprochen, zwischen denen sich die Erziehung und Führung bewegen sollte.

Auf der einen Seite war der Pädagoge der Meinung, dass das Erzieherische durch eine „warmherzige, offene zwischenmenschliche Beziehung"[2] getragen sein müsse. Das sei die absolute Grundvoraussetzung, damit junge Menschen Dinge verinnerlichen. Es ging ihm um den „liebenden Blick"[3], also um nichts anderes als eine empathische Haltung – ein Punkt, auf den wir in diesem Buch in einem anderen Kapitel noch näher eingehen werden.

Doch der andere Pfeiler war für Pestalozzi genauso unerlässlich. Er nannte das, was Rangnick als Konsequenz bezeichnet, Festigkeit. Was sollte dadurch erreicht werden? Gehorsam. Und das, was Pestalozzi auf die Erziehung bezog, ist ein absolut richtiger Hinweis auf das Führen von Gruppen und Mannschaften. Es braucht Empathie, aber genauso auch die Konsequenz, damit Mitarbeitende, Fußballspieler, Angestellte folgen.

Der Clou bei Pestalozzis Ausführungen war, dass er sagte, Konsequenz und Entschlossenheit seien ohne erzieherische Liebe völlig wirkungslos. Es brauche beide Seiten. Ich denke, er hatte recht.

Der Führungsalltag in Fußballmannschaften wie Unternehmen beweist das. Damit wir die Unterstützung einer Gruppe erhalten, müssen ihre Mitglieder das Gefühl haben, dass die führende Person weiß, was sie tut. Dass sie vorangeht, dass sie die Richtung vorgibt. Verbundenheit, Empathie und Liebe alleine reichen nicht, auch wenn das „loving leadership" aktuell in aller Munde ist. Es braucht auch die Strenge.

Pestalozzi war auch dieser Meinung, ging sogar noch weiter und sagte: „Eine Liebe, die auf Gehorsam verzichten zu können glaubt, ist Schwächlichkeit." Erst die „sehende Liebe", wie er es nennt, gebe dem Kind „Halt, Maßstäbe und notwendige Grenzen".[4]

Peter Hyballa beschreibt sein Verhältnis zu jungen Talenten ähnlich: ***Ich habe sie immer auch geliebt. Das waren ein bisschen meine Söhne. Ich habe aber deutlich gesagt, was ich haben möchte. Wenn ich das nicht bekommen habe, dann sind auch mal Hütchen durch die Luft geflogen. Da habe ich auch mal den Lauten gemacht. Da bin ich auch mal in eine Sprache gegangen, die nicht immer so ganz fein ist, die für Sport gut ist.***[5] Der Ton des Trainers kam nicht immer gut an. ***Heute, in dieser Soft-Generation, denken sie ja, dass du einen niedermachst, wenn man schreit, aber das ist auch Liebe.*** Hyballa zieht die Parallele zum Elternhaus: ***Dein Vater hat dich ja auch mal angeschrien, hat dich aber auch in den Arm genommen. Es sind zwei Seiten einer Medaille.***

Auch für Thomas Reis ist klar: ***Du bist für die Jungs eine Art Vaterfigur. Sie werden von dir gelobt, sie werden von dir getadelt.***[6] Wenn wir an Trainer wie Jupp Heynckes oder Ottmar Hitzfeld denken, dann kommt dieser Vergleich der Realität schon sehr nahe. Die Beziehung, die Heynckes beispielsweise zu einem Filou wie Franck Ribéry unterhielt, war einer Vater-Sohn-Beziehung sehr ähnlich. Heynckes ließ ihm seine Freiheiten, akzeptierte dessen Eigenheiten, interessierte sich vor allem für den Menschen und baute dadurch ein sehr enges Verhältnis auf, sodass Ribéry dessen Autorität letztlich anerkannte, aber nur, weil er wusste, dass er von ihm gemocht und geschätzt wurde. Am Ende suchen Kinder immer die Aufmerksamkeit ihrer Eltern. Im Kontext von Unternehmen ist die Beziehung zu den Mitarbeitenden grundsätzlich weniger emotional und eng als in Fußballkabinen. Und dennoch kann es Führungskräften helfen, sich daran zu erinnern, wieso Kinder ein konsequentes Verhalten ihrer Eltern durchaus anerkennen: Weil sie sich eben auch gemocht und geliebt fühlen. In der führenden Rolle muss man beide Ebenen bedienen.

Doch der Wechsel zwischen empathischer und autoritärer Haltung ist für viele Mitarbeitende der heutigen jungen Generation schwer vermittelbar, was das Führen noch komplizierter macht. Es braucht in der heutigen Zeit mehr Beziehungsarbeit als früher, damit Führungskräfte mit Konsequenz agieren können. Falls die Beziehung sowieso schon auf wackligen Füßen steht und Vorgesetzte intuitiv Angst haben, ihre Mitarbeitenden zu sehr vor den Kopf zu stoßen, keine klaren Vorgaben mehr machen und Dinge nicht mehr rigoros einfordern, ist das der Anfang vom Ende.

Eine rein auf Empathie, Wohlwollen und Liebe basierende Führung wird über kurz oder lang scheitern. Das zeigt gerade auch der Fußball. Stefan Leitl, der mit Fürth 2021 sensationell in die Bundesliga aufstieg, hatte zuvor in Ingolstadt weniger Erfolg, wurde dort in der 2. Liga entlassen. Seine Lehre aus dieser Zeit: ***In Ingolstadt wollte ich es jedem recht machen.***[7] Das funktioniert nicht. Junge Spieler, Menschen an sich, Gruppen, Teams, Abteilungen, sie alle brauchen Grenzen. Sie sehnen sich danach – oft unbewusst. Denn was passiert, wenn keine „Festigkeit", keine „Konsequenz" da ist? Man hat keine Ahnung, wo die Grenzen sind und lotet dann aus, wo diese eventuell sein könnten. Das greift die Einheit und die Disziplin einer Gruppe an. Beides ist jedoch unverzichtbar, um Aufgaben zu bewältigen.

Es ist die große Kunst von erfolgreichen Leadern, Konsequenz zu zeigen und damit klarzustellen, wer den Ton angibt. Sie beweisen Autorität, ohne dabei ihre empathische Haltung aufzugeben.

ENTSCHLOSSENHEIT

„Wenn bei elf Spielern jeder das macht, was er will,
dann bist du verloren. Wenn elf Mann das Gleiche falsch machen,
hast du immer noch eine Chance zu gewinnen."

JÜRGEN KLOPP

2006 übernahm Ralf Rangnick die TSG Hoffenheim, damals Drittligist. Zuvor hatte Rangnick bereits viele Jahre erfolgreich in der Bundesliga gearbeitet, in Stuttgart, in Hannover und auf Schalke. Doch die Bedingungen im Badischen waren für ihn exzellent. Er veränderte den Verein von Grund auf und stieg nach zwei Jahren mit dem Klub in die Bundesliga auf. Mit viel Entschlossenheit hatte er es geschafft, eine Vielzahl an Maßnahmen umzusetzen, die alle dazu beitrugen, dass die Mannschaft erfolgreich spielte. Konsequenz und Überzeugung sind bis heute unverzichtbare Faktoren für Rangnicks Führungsalltag. Er benutzt dafür gerne das Wort „Entschlossenheit".

Als Ableitung vom Verb „entschließen" ist dieser Begriff im Deutschen seit dem 17. Jahrhundert mit den Bedeutungen „Tatkräftigkeit" und „Entschiedenheit" geläufig. Dieser Rückgriff auf den ursprünglichen Gebrauch ist in meinen Augen nicht unwichtig, denn als „ent-schlossener" Mensch ist man sozusagen „geöffnet". Das Schloss ist also im übertragenen Sinne entsperrt, es gibt kein (inneres) Hindernis mehr, man geht durch die offene Tür. Das Offensein bedeutet im zweiten Sinn aber auch, dass man offen für andere Argumente oder Neuinterpretationen ist. Darin liegt in meinen Augen der große Unterschied zu Sturheit und Besessenheit, bei der die Fixierung auf eine Sache negative Auswirkungen haben kann. Als entschlossener Mensch bin ich mir meiner Überzeugungen bewusst, habe einen klaren Willen und eine feste Absicht, aber lasse mir auch die Möglichkeit, anderen zuzuhören. Entschlossenheit ist eine wirkliche Tugend. So sieht es auch Ralf Rangnick: ***Sie ist eine der wichtigsten Eigenschaften, die du als Führungskraft brauchst. Entschlossenheit ist für mich die Quintessenz von erfolgreicher Führung, egal ob du ein kleines Restaurant managst oder ein Weltunternehmen führst. Moderne Leader zeichnet es aus, Dinge anzupacken, Dinge zu bewegen, anstatt nur drüber zu reden, was man alles tun könnte. Eine der größten Schwächen von Unternehmen ist die Unentschlossenheit.***[8]

Du darfst dich als Leader, als Führungskraft also nicht scheuen, Entscheidungen zu treffen. Dir muss es an den richtigen und wichtigen Stellen egal sein, was andere über deine Entscheidungen denken. Es braucht die Überzeugung, dass der eigene Weg der richtige ist, aber auch die Offenheit, den Weg eventuell zu verändern, wenn es das braucht.

Das Problem: Wenn man vorangeht, wenn man die Richtung vorgibt, dann muss man auch in Kauf nehmen, dass der eine oder andere das nicht so toll findet. Nicht umsonst lautet ein altes Sprichwort: Wo gehobelt wird, da fallen Späne. Übersetzt heißt das: Wenn du bestimmst, wird es immer auch Menschen geben, die das nicht akzeptieren wollen. Wie sagt es Ewald Lienen: ***Du kannst nicht immer mit Wattebäuschen um dich schmeißen. Manchmal braucht es eine Ansage.***[9]

Nicht alle können damit umgehen. Doch die negativen Reaktionen gilt es auszuhalten. Und als Führungskraft muss ich damit umgehen können, dass man nicht alle für die eigenen Ideen und Entscheidungen begeistern kann. Es ist dann auch wichtig, loszulassen und sich nicht bremsen zu lassen. Dem Pareto-Prinzip[10] folgend, das postuliert, dass die letzten 20 Prozent der Ergebnisse 80 Prozent des Aufwands benötigen, kann es manchmal sinnvoll sein, die Energie an anderer Stelle einzusetzen. Grundsätzlich sehnen sich Gruppen nach einer klaren Linie, nach konsequenten Entscheidungen. Thomas Letsch bestätigt das: ***Einer muss am Schluss die Entscheidungen treffen. Konsequenz ist was ganz Wichtiges im Leben und speziell in der Führungsposition muss die gegeben sein und selbstverständlich muss es da eine klare Kante geben.***[11]

Wenn ein Schiff auf hoher See in Not ist, muss der Kapitän mit Bestimmtheit sagen, was getan wird. Es gibt keine Zeit für Diskussionen oder für eine Fragerunde. Echte Leader zeichnet genau das aus. Sie wissen, wo die Reise hingehen soll. Sie zaudern nicht, sie agieren. Dafür ist eines aber essenziell: Man muss wissen, was man will. Man muss sich selbst vertrauen. Man muss Sicherheit ausstrahlen, die kann man nicht vortäuschen. Und selbstverständlich wird auch der empathischste Trainer in der Halbzeit nicht alle elf Spieler nach ihrer Meinung fragen, was man im zweiten Durchgang ändern könnte. Auch in Unternehmen erwartet man in Krisensituationen, dass die Führungskräfte mit Entschlossenheit vorangehen und die Verantwortung nicht abgeben. In einer solchen Situation braucht es den direktiven Hut. Und genau das kann man sich von erfolgreichen Trainern abschauen. Der Grandseigneur der Trainerregie, Ottmar Hitzfeld, erzählte mir: ***In der Halbzeitpause spreche ich, da will ich nicht diskutieren. Diese Entschlossenheit müssen die Spieler spüren. Wenn ich jemanden anschaue oder irgendwas sage, diese Ausstrahlung, das ist Energie. Diese Entschlossenheit müssen die Spieler in allen Situationen raushören. Ich habe Verständnis für unzufriedene Spieler, aber es geht ums Ganze. Deshalb muss ich auch die Grenzen aufzeigen. Das muss man, das ist wie ein Arzt, der eine Diagnose mitzuteilen hat.***[12]

Auch Jürgen Klopp gilt bei Beobachtern als „Menschenfänger“ unter den Trainern. Er versteht es, Menschen für sich einzunehmen, sie zu begeistern, gleichzeitig interessiert er sich für seine Spieler, ja, er liebt sie. Klopp hat aber auch eine sehr strenge Seite. Was ich im LEADERTALK in Sachen direktiver Führung von ihm erfahren habe, war beeindruckend und demonstriert hervorragend, welchen Spagat es zu vollführen gilt, um eine Mannschaft für sich zu gewinnen: ***Wenn wir eine Mannschaftssitzung haben, dann gibt es einen, der spricht, und das bin ich. Dort wird nicht diskutiert. Das funktioniert so nicht. Man darf den Trainer nicht vor versammelter Mannschaft infrage stellen. Das geht nicht. Wenn elf Mann das Gleiche falsch machen, hast du immer noch eine Chance zu gewinnen. Wenn bei elf Spielern jeder das macht, was er will, dann bist du verloren. Wenn ich einen Plan vorgebe, dann ist das der Plan. Wenn dir daran was nicht gepasst hat, dann kommst du am nächsten Tag und es wird drüber gesprochen. Kein Problem. Aber nicht in der Situation, das ist wirklich wichtig. Eine Mannschaft braucht einen, der die Idee vorgibt, und Spieler, die ihr folgen.***[13]

Wer Klopps Sätze im Podcast hört, fühlt, dass mit ihm ab einem gewissen Punkt nicht mehr zu spaßen ist. Der Wechsel zwischen dem „Menschenversteher“ und dem „Ansager“ ist fließend. Ich glaube, es ist das größte Erfolgsgeheimnis seines Tuns. „Kloppo“ bekommt diesen Wechsel so gut hin wie kaum ein anderer. Klopp kann dich in den Boden stampfen, wenn du als Spieler Dinge nicht respektierst, die er vorgibt, und gleichzeitig kann er der verständnisvollste Mensch der Welt sein, wenn du dich nach einem katastrophalen Spiel für deine Leistung entschuldigen willst. Das macht ihn zu einer so starken Persönlichkeit. Entschlossenheit und Konsequenz müssen spürbar sein für die Spieler. Sie müssen das Gefühl haben, dass der Trainer jederzeit konsequent sein „könnte“.

Als Mitarbeitender muss ich wissen, bis wann Diskussionen und Kritik möglich sind und ab wann es nur noch darum geht, den vereinbarten Weg gemeinsam zu gehen. Die Führungskraft ist selbstverständlich dafür verantwortlich, diese Grenzen deutlich zu machen. Irgendwann muss der Punkt kommen, wo die Entschlossenheit kommuniziert wird.

Mittlerweile gibt es auf den Streaming-Portalen mehr als ein Dutzend Dokumentationen über das Innenleben von Fußballklubs. Jeder Klub, der was auf sich hält, hat Kameras in das Innerste des Vereins hineingebeten, um damit Image und Interesse zu steigern. Nicht jede Doku ist wirklich sehenswert, doch eine habe ich mir komplett angeschaut, denn sie hat mich beeindruckt. Es war eine Dokumentation über den FC Arsenal und seinen Trainer Mikel Arteta. Der Spanier war einst selbst ein klasse Spieler, unter anderem für den englischen Hauptstadtklub selbst, wo er aktuell als Trainer agiert. Als Coach war er zunächst Co-Trainer von Pep Guardiola bei Manchester City, bevor er im Dezember 2019 den FC Arsenal übernahm.

Zu Beginn der Saison 2021/22 waren die Ergebnisse trotz umfangreicher Millioneninvestitionen in Neuzugänge nicht wirklich gut. Sein wichtigster Spieler war Pierre-Emerick Aubameyang. Er war der Kapitän und der treffsicherste Stürmer, bei Fans wie Spielern gleichermaßen anerkannt. Nachdem Aubameyang nach einem Heimaturlaub in Afrika unabgesprochen zu spät nach England zurückkam und zwei Trainingseinheiten verpasste, suspendierte ihn der Trainer. Das Umfeld, die Medien und die Spieler schluckten. Wie sollte diese junge Mannschaft ohne den erfahrensten, den besten Spieler auskommen? Für Arteta war klar: Es gibt kein Zurück. Die Saison sollte ohne Aubameyang fortgesetzt werden. In der TV-Doku sagte Arteta dazu: „Es fühlt sich richtig an. Ich kann nicht Werte predigen und dann nicht vorleben."[14] Er blieb bei seiner Entscheidung. Die Vereinsbosse, Journalisten, Fans – alle versuchten, ihn umzustimmen. Aber Arteta blieb entschlossen. Und was passierte? Die Mannschaft spielte ohne Aubameyang erfolgreicher als zuvor. Der Respekt der Spieler gegenüber dem Coach wuchs, aber auch das Vertrauen in ihn und die eigene Stärke, was die Mannschaft enger zusammenrücken ließ. Damit legte Trainer Arteta den Grundstein für die erfolgreiche Saison 2022/23, in der Arsenal in der Premier League vorneweg marschierte.

Der Gegenwind kann stürmisch sein, wenn man konsequent bei dem bleibt, was man für richtig hält. Alexander Blessin betont: ***Du musst als Trainer immer vorangehen. Wenn du nicht vorangehst, wem sollen die Spieler denn folgen?***[15] Es ist überlebensnotwendig, dass Führungskräfte ihrer Linie treu bleiben, wenn sie von ihr überzeugt sind, und sich nicht von ihrem Weg abbringen lassen.

Christoph Daum drückt es so aus: ***Man muss bereit sein, Pionier zu sein, belächelt zu werden, angegriffen zu werden. Wenn sich die Sache dann durchsetzt, dann wird sich Bewunderung einstellen.***[16]

Ein guter Ausdruck, den Daum ins Spiel bringt: „Pionier sein"! Wie ergeht es denn Pionieren? Abgeleitet ist das Wort vom französischen „pion", was Fußsoldat bedeutet. Pioniere gingen vorneweg, um für ihre Armeen Wege und Brücken herzurichten. Es ging immer um die Erkundung von Neuland. In der Forschung fungieren Pioniere als Wegbereiter und Bahnbrecher für Wissenssprünge.

Das heißt aber auch, dass Pioniere immer von einer gewissen Skepsis und von Zweifeln begleitet werden: Ist das wirklich der richtige Weg? Verzetteln wir uns? Werden wir Erfolg haben? Stets sind Pioniere mit den Unsicherheiten ihres Umfelds konfrontiert. Das gilt es zu wissen und auszuhalten. Dafür braucht es die Überzeugung vom eigenen Tun und Entschlossenheit. Das muss man auch als Teamleiter wissen.

Heutzutage sind nicht nur Fußballklubs komplizierte Gebilde, gerade die Strukturen in Unternehmen sind oftmals hochgradig verästelt und mit verschiedensten Ebenen versehen. Dazu kommen in solchen systemischen Strukturen noch Einflüsse von Stakeholdern, die außerhalb des Kernsystems verortet sind. In solchen Strukturen tun sich viele schwer, Entscheidungen zu treffen, denn vielen Führungskräften fehlt es leider an Profil. Man wartet lieber ab, schaut, wie die allgemeine Stimmungslage ist, um danach ausgerichtet Entscheidungen zu treffen, die allseits beliebt sind. Viele Führungskräfte entscheiden nicht der eigenen Meinung folgend, sondern der Mehrheitsmeinung entsprechend. Dabei brauchen Menschen Richtungsvorgaben, sie brauchen Orientierung. Und diesen Anspruch gilt es als Führungskraft zu erfüllen, wenn man ein Team führt. Ich brauche Mut zur Entschlossenheit, denn nur damit erarbeite ich mir ein Profil, das bei meinen Mitarbeitenden für Anerkennung und Vertrauen sorgt. Und fehlender Mut wird in einer Hierarchie niemals von unten repariert, das ist die Aufgabe der Führungsebene.

Es liegt oftmals in der Natur einer Führungsposition, manchmal allein auf weiter Flur zu stehen. Das Bild der einsamen Führungskraft stimmt bisweilen an einigen Stellen. Auch der Archäologe Heinrich Schliemann war das auf seinen Expeditionen; deshalb nannte man ihn einen Pionier. Jedoch war er von dem, was er tat, überzeugt. Dieses Selbstverständnis bringen viele Trainer automatisch mit. Es braucht eine gewisse Grundüberzeugung, um mit einem Team etwas bewegen zu können. ***Es ist die Krankheit von uns Trainern, dass wir immer glauben, wir kriegen es hin. Wir sagen uns: „Alle anderen sind gescheitert, aber ich kriege es hin.***“[17], so David Wagner.

Als Führungskraft braucht es manchmal dieses „Hochstaplersyndrom“. Ich nenne das so, weil du gerade zu Beginn deiner Tätigkeit in einer solchen Rolle die Überzeugung ausstrahlen musst: Ja, natürlich schaffe ich das und natürlich kann ich all das, was erwartet wird. „Trauen Sie sich zu, in Ihrer neuen Rolle als Gruppenleiter 15 Personen zu führen?" – „Ja, natürlich." Auch wenn man innerlich vielleicht denkt: „Puuh, das habe ich noch nie gemacht", ist das die Antwort, die in diesem Moment erwartet wird. Wachstum braucht auch Mut und die Zuversicht, dass alles gut wird. Man muss manchmal einfach losspringen und Entschlossenheit an den Tag legen, um den anderen zu signalisieren: Keine Sorge, ich bin der oder die Richtige für diesen Job.

Das Beispiel von Mikel Arteta zeigte bereits, dass es gerade bei unpopulären oder streitbaren Entscheidungen Entschlossenheit braucht. Auch Felix Magath erlebte eine solche Situation 2011 in Wolfsburg. Der Klub hatte Magath mitten im Abstiegskampf verpflichtet, die Situation war schwierig. Einer der Wolfsburger Schlüsselspieler war der Brasilianer Diego. Laut Magath ***der teuerste Spieler, der je beim VfL gespielt*** hatte. Er erinnert sich: ***Er war ein guter Spieler, aber nicht so mannschaftsdienlich. Ich habe es dann trotzdem versucht – bis zum letzten Spiel in Hoffenheim. Da mussten wir gewinnen. Da habe ich die ganze Nacht nicht geschlafen, ich war der festen Überzeugung, mit diesem Spieler werden wir nicht gewinnen und habe mich entschlossen, ihn nicht aufzustellen.***[18] Bei der abschließenden Mannschaftssitzung teilte Magath dem Starspieler mit, dass man ohne ihn spielen werde. Daraufhin verließ Diego den Saal – kurz vor dem wichtigsten Spiel des Jahres! ***Die Mitspieler waren ganz entsetzt,*** erzählt Magath. ***Sie riefen: „Diego, das kannst du doch nicht machen!"*** Doch Magath beruhigte das Team: ***„Lasst ihn, wir brauchen ihn nicht."*** Wolfsburg musste in Hoffenheim gewinnen, um nicht abzusteigen. Nach einem Rückstand drehten Mario Mandzukic und Grafite innerhalb von 18 Minuten die Partie und sorgten für den umjubelten Klassenerhalt. Das Fazit von Magath: ***Es hat uns nicht geschadet.***

Ohne Entschlossenheit ist erfolgreiches Arbeiten schwierig. Die Chancen, dass das Team dadurch den Trainer als Führungsautorität akzeptiert, steigen. Entscheidend ist, die Mehrheit seiner Spieler nicht zu verlieren. Es braucht somit immer auch Antennen, um auszuloten, inwieweit einem das Team noch folgt und wer vielleicht bereits auf Abwegen ist. Komme ich als neuer Chef in eine Abteilung und will alles mit wilder Entschlossenheit verändern, ist die Gefahr groß, dass der Widerstand wächst. Ein wunderbares Beispiel aus dem Fußball ist die Geschichte von Jupp Heynckes bei Eintracht Frankfurt in der Saison 1994/95. Der Verein hatte den erfolgreichen Trainer geholt, um die Mannschaft auf Trab zu bringen. Doch gerade die Stars konnten mit dem strengen Ton und der härteren Herangehensweise des neuen Trainers nicht umgehen. Ramon Berndroth, damals Co-Trainer, erlebte es so: ***Eintracht-Manager Bernd Hölzenbein sagte zu Jupp Heynckes: „Wir haben hier eine Truppe mit 14 Nationalspielern, die müssen mal richtig in den Hintern getreten bekommen.“ Da kam Jupp, hat in den Hintern getreten und alle haben gerufen: „Aber nicht so fest!“***[19] Die Entschlossenheit, die Heynckes an den Tag legte, wurde von den Spielern, aber auch einigen im Verein sabotiert. Die Folge waren Chaos, Misserfolg und der Weggang des Trainers im April 1995, der später mit Real Madrid und Bayern München die Champions League gewann.

Entschlossenes Verhalten, ohne zuvor das Vertrauen der Mannschaft, des Teams oder auch einer Abteilung gewonnen zu haben, hat meist problematische Folgen. Diese Erfahrung machte auch Heynckes – und lernte daraus: Den besten Heynckes, den man in Deutschland sah, war jener, der 2013 die Bayern zum Triple-Erfolg führte. Weil er seiner Mannschaft mit unterschiedlichsten Charakteren wie Franck Ribéry, Jérôme Boateng, Arjen Robben oder Bastian Schweinsteiger zwar seine Autorität vermitteln konnte, ihr aber auch ein hohes Maß an

Verständnis und Empathie entgegenbrachte. Und dennoch war es seine Entschlossenheit, die nach einer Saison ohne Titel und dem verlorenen „Finale dahoam" den Weg für die erfolgreiche Saison 2012/13 ebnete.

Eine wichtige Frage, die bleibt, ist die: Wie konsequent darf man gerade zum Start einer Tätigkeit sein? Markus Gisdol ist da ganz klar: *Nachdem du dir ein Bild gemacht hast, musst du gewisse Entscheidungen treffen. Und die sind manchmal hart und die tun dir auch menschlich weh. Aber wenn es für den Verein und die Mannschaft besser ist, dass Spieler in eine andere Position kommen, dass der Kapitän vielleicht nicht mehr der Kapitän ist oder dass Spieler auf einmal eine Rolle spielen, die vorher keine Rolle gespielt haben, dann darfst du dich vor solchen Entscheidungen nicht drücken. Du musst als Trainer konsequent sein.*[20]

Es geht also darum, seinen Weg zu gehen und für das einzutreten, was einem vorschwebt. Hauptsache, man bleibt konsequent. Das ist wenigstens das, was Hans Meyer von einem seiner großen Vorbilder, Wilhelm Buschner, gelehrt bekam. Buschner war jahrelang Nationaltrainer der DDR. Meyer erzählt: *Buschner war unheimlich konsequent. Er sagte mir: „Was du mal für Fußball spielen lassen willst, ist für dich als Trainer scheißegal, aber du musst von dem, was du willst, überzeugt sein. Und mache bitte kaum Konzessionen und Kompromisse, sie sind nicht nur im Fußball fast alle faul."*[21]

DIE DREIERKETTE FÜR
ENTSCHLOSSENHEIT

LEITSATZ

Entschlossenheit muss immer mit einer empathischen Haltung einhergehen.

DAS KÖNNEN FÜHRUNGSKRÄFTE VON ERFOLGREICHEN TRAINERN LERNEN

Es muss immer klar sein, wer der Chef im Ring ist. Zuhören und Meinungen einholen sind wichtige Dinge. Am Ende entscheidet aber nur einer und das muss gerade in Krisen oder bei richtungsweisenden Entscheidungen die Führungspersönlichkeit sein. Entschlossenheit vermittelt Sicherheit und das ist die Basis für den Erfolg einer Gemeinschaft. Doch um diese Entschlossenheit an den Tag zu legen, muss vorher eine Vertrauensbasis gelegt sein, sonst wenden sich die Spieler ab.

DREI GUTE FRAGEN

Was hindert mich daran, eine Entscheidung zu treffen?
Bin ich zu 100 Prozent von meinem Weg überzeugt?
Setze ich ausreichend und erkennbare Grenzen?

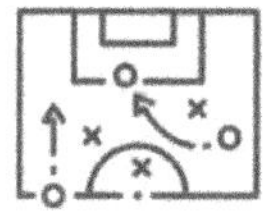

KLARHEIT

„Ich habe es immer genossen,
wenn mir jemand die Wahrheit gesagt hat."

HORST HRUBESCH

Nicht immer werden große Fußballspieler große Fußballtrainer. Das ist auch nicht weiter schlimm, schließlich unterscheiden sich die Qualitäten, die man für ein erfolgreiches Dribbeln und Schießen braucht, erheblich von denen des Anleitens und Führens. Auch der Glücksfaktor spielt häufig eine Rolle, wenn es um Karrieren und Erfolgswege geht. Ich persönlich finde es manchmal schade, wie im Profifußball mit ehemals sehr erfolgreichen Fußballern umgegangen wird, nur weil sie den Erfolg ihrer Spielerkarriere nicht in gleichem Maße auf der Trainer- oder Managerbank wiederholen können. Jürgen Kohler ist so ein Beispiel in meinen Augen. Er findet auch: ***Verdiente Spieler werden mit anderen Maßstäben gemessen. Das ist ganz typisch in Deutschland.***[22]

Dabei kann man das, was Kohler als Spieler erreicht hat, nicht hoch genug bewerten. Mit einem angeborenen Herzfehler auf die Welt gekommen, in einfachen Verhältnissen bei Ludwigshafen groß geworden, kämpfte sich Kohler zu einer Weltkarriere durch. Es gibt nur wenige deutsche Fußballer, die erfolgreicher waren: Kohler wurde Welt- und Europameister, gewann die Champions League, den UEFA-Cup, wurde Deutscher und Italienischer Meister. Als Trainer und Funktionär blieben ihm diese Erfolge später verwehrt, seine sympathische Grundhaltung hat sich Kohler dennoch bewahrt. Mit welcher Bodenständigkeit und Offenheit der Ex-Profi sich zeigt – allein das ist schon bemerkenswert. Und welche Trainer hat dieser Mann nur erlebt? Heynckes, Daum, Hitzfeld, Lippi, Trapattoni. Namen wie Donnerhall. Und da wird es interessant für alle, die sich von diesen Koryphäen etwas hinsichtlich des Führungsverhaltens abschauen wollen. Der Weltmeister von 1990 fasst zusammen, was er von all diesen Welttrainern mitnahm: ***Sie alle sind ganz ehrlich mit den Spielern umgegangen. Das hat den Spielern gutgetan, weil jeder wusste, woran er ist.***

Ehrlichkeit sorgt für Klarheit. Man weiß, woran man ist und womit man rechnen kann. Entscheidungen werden nachvollziehbar, wenn die Führungsperson niemanden etwas vormacht und die Dinge klar anspricht. ***Das Wichtigste als Trainer ist, dass man Glaubwürdigkeit besitzt. Die Leute müssen dir das abnehmen, was du erzählst,*** sagt Kohler. Das sieht Oliver Glasner genauso: ***Klarheit, Offenheit, Ehrlichkeit sind das Wichtigste für einen Trainer. Das sind die Basissäulen für eine erfolgreiche Zusammenarbeit. So schaffst du Vertrauen. Wenn du jemanden hast, der dir immer erzählt, was du hören willst, dann verlierst du die Jungs.***[23]

Aber weshalb tun sich Führungskräfte oftmals schwer damit? Weil zu Klarheit und Glaubwürdigkeit vor allem auch eines gehört: die Fähigkeit, Negatives anzusprechen, zu sanktionieren, Kritik zu äußern und Grenzen zu setzen. Dabei ist es fast immer so, dass Menschen viel besser mit Klarheit und ehrlicher Kritik umgehen können, als wir glauben. Es ist eher das Herumdrucksen, das Gefühl, dass der andere etwas verschweigt, das Nichtwissen von Wahrheiten, was Menschen stresst. Mit klaren Worten können sie viel besser umgehen als mit ausgemalten Fantasien oder unausgesprochenen Wahrheiten. Doch es braucht das Aussprechen.

Klarheit verlangt Mut für den möglichen Konflikt. Gehe ich als Führungskraft diesem aus dem Weg, steigt das Risiko, meine Mitarbeitenden zu verlieren. Sie brauchen Klarheit, wenn sie unsicher sind, worin ihre Aufgabe besteht. Sie brauchen Klarheit, damit Aufgaben so erledigt werden wie besprochen. Sie brauchen Klarheit, wenn es um Abläufe und Absprachen geht. Wenn die Dinge nebulös bleiben, wenn Spekulationen entstehen, wenn es Wissensexklusivität gibt, fördert das Machtstrukturen, doch in keiner Weise das Teamgefühl.

Ist allen Mitarbeitenden klar, warum und wofür sie ihre Arbeit tun? Gibt es einen übergeordneten Rahmen, an dem sich alle orientieren können? Gute Fragen. Genauso wichtig ist die Frage nach der Strategie. Fragt man die Angestellten nach der Unternehmensstrategie ihrer Firma, sind viele meist überfragt, auch weil diese oftmals nur einem gewissen Zirkel zuteilwerden sollen. Unnötig.

Schauen wir zu Fußballteams. Dort ist die Strategie mit das Wichtigste. Wie soll der Gegner geschlagen werden? Welche Mittel sollen zum Einsatz kommen? Wie sind die Abläufe? Alle werden mit ins Boot genommen. Von daher kann sich jede Abteilung eines Unternehmens an einer Fußballmannschaft orientieren und sich fragen, ob sie nicht erfolgreicher wären, wenn alle genau über die Strategie Bescheid wüssten.

Dasselbe gilt für Ziele. Fußballer kennen immer ihre Ziele. Ist das in Unternehmen auch der Fall? Herrscht bei den Mitarbeitenden Klarheit darüber, was man zusammen erreichen will? Und auch, wenn eine Zusammenarbeit nicht so erfolgreich verläuft wie gewünscht, ist Klarheit wichtig. Zu welchem Zeitpunkt trenne ich mich von Mitarbeitenden und wie klar positioniere ich mich dazu vor dem Team, ist ein wichtiger Punkt, der ohne Klarheit für Unruhe sorgen kann. Gerade verdiente Mitarbeitende verdienen einen klaren Umgang und eindeutige Botschaften seitens der Führung. Wer das nicht tut, verliert an Kredit in seinem Team.

Wir sehen also, dass Klarheit als Führungsinstrument äußerst wichtig ist. Sie schwingt bei vielen Entscheidungen mit und beeinflusst maßgeblich, wie man als Führungsperson wahrgenommen wird. Es stärkt die Autorität, je klarer man sich gibt. Auch Sanktionen können ein Mittel für mehr Klarheit sein.

Dazu ein Beispiel aus der Karriere von Jürgen Kohler: *Der härteste Trainer, den ich je hatte, der größte Taktikfuchs, das war Marcello Lippi. Wir haben ihn nur „Belmondo" gerufen, weil er genauso aussah. Das nahm er ganz locker. Wir gewannen mal bei Boavista Porto 3:1. Wir flogen nach Hause und alle wollten heim. Lippi sagte aber, dass wir alle in die Villa Parosa fahren, in unser Trainingscamp. Wir wunderten uns. Es waren ja Stars wie Didier Deschamps, Paolo Conte, Gianluca Vialli und Alessandro Del Piero dabei. Am nächsten Morgen standen wir auf und wir mussten zehnmal 1.000 Meter auf Zeit laufen, in vier Minuten. Einer schaffte es nicht, das war ich. Ich musste dann 1.000 Meter mehr laufen. Wir haben ihn dann gefragt: „Ja, warum eigentlich?" Da sagte Lippi: „Ja, weil wir ein Gegentor bekommen haben." Aber mit welcher Lässigkeit er das gemanagt hat, das war toll. Keiner moserte, alle akzeptierten immer das, was er sagte.*[24]

Der italienische Coach wusste genau, was er tat. An der Stelle war mit ihm nicht zu verhandeln oder gar zu spaßen. Doch die Spieler erhielten ein direktes Feedback und damit auch Orientierung. Sicher, ein Straftraining ist etwas, was in der freien Wirtschaft weniger umsetzbar ist. Aber es geht grundsätzlich um die Haltung. Mitarbeitende wie Fußballspieler brauchen unmittelbare Rückmeldung, um das Geschehen einzuordnen. Sagt auch Manuel Baum: *Am Tag nach dem Spiel musst du dir drei, vier zentrale Botschaften für die Mannschaft überlegen. Denn jeder hat seine eigene Wahrnehmung der Wirklichkeit. Die Spieler haben alle eine unterschiedliche Interpretation im Kopf.*[25]

Ein wichtiges Detail – auch für den Kontext in Unternehmen: Stets zu schauen, ob ich als Führungskraft die Deutungshoheit besitze und den Mitarbeitenden klar wird, was ich von der Arbeit, von dem Geleisteten halte. Auch Thomas Tuchel denkt so. 2015 war der damalige Dortmunder Trainer für ein Interview bei der „Aspire Academy" in Berlin geladen, am Tag nach dem verlorenen Pokalfinale gegen den FC Bayern München. Er sagte damals: „Es ist gefährlich, wenn Spieler zu ihren Nationalteams gehen und das Ergebnis als ihre Wahrheit vom Spiel mitnehmen. Heute [am Tag nach dem Pokalfinale] hatte ich beispielsweise noch nicht die Möglichkeit, die Niederlage mit der ganzen Gruppe zu analysieren. So denkt der eine Spieler, dass wir zu viel Respekt hatten vor den Bayern. Ein anderer hat die Meinung, dass wir vorne zu schlecht attackiert hätten. Die Verteidiger wiederum denken, dass wir unsere eigene Hälfte schlecht verteidigt oder schlecht angegriffen hätten."[26] Um das zu vermeiden, ist es auch für Tuchel unglaublich wichtig, dass die Spieler Klarheit darüber bekommen, wie Spiele, Ergebnisse, Vorfälle einzuordnen sind und ihnen seine Sicht der Dinge mitzugeben, damit im Nachhinein keine Missverständnisse auftreten.

Auch für Führungskräfte ist es wichtig, Gesprächsrunden für das Team zu organisieren, um Botschaften zu platzieren, ein Gefühl für die Gruppe zu bekommen, mit Missverständnissen aufzuräumen etc. Konsequentes und zeitnahes Ansprechen von Fehlverhalten muss Teil solcher Runden sein. Allerdings sollte persönliche Kritik im Normalfall auch im persönlichen Kontext zum Ausdruck kommen.

Wie wollen wir miteinander umgehen? Was erwarte ich? Um welche Resultate geht es? Ist das jedem der Mitarbeitenden immer klar? Und wenn ja, wie reagiere ich bei Verstößen dagegen? Norbert Elgert hält klare Maßnahmen für äußerst wichtig. Er erinnert sich an eine Situation mit Leroy Sané, als der noch auf Schalke war: ***Als ich Leroy in der U-19 mal ausgewechselt habe, war das eine unschätzbare Lernerfahrung für ihn. Was er heute auch so sieht. Damals hat er das noch nicht so gesehen. Damals*** *habe ich ihm gesagt: „Das mache ich nicht, um dich zu ärgern, ganz im Gegenteil. Aber wenn du hier auf den Platz gehst und für Schalke spielst, dann erwarte ich 100 Prozent. Du darfst Fehler machen, aber du darfst nichts zurückhalten, was deiner Mannschaft helfen könnte.“*[27]

Wenn ich möchte, dass meine Abteilung, mein Team in einer gewissen Weise funktioniert, kann ich die Dinge nicht laufen lassen. Ich muss einschreiten, wenn gegen Werte und Standards verstoßen wird. Es braucht klare Vorgaben, damit alle das umsetzen können, was die Führungskraft will. Es braucht eine Reaktion seitens des Führenden, wenn es zu Verstößen kommt.

Inka Grings war die erste Frau, die in der Regionalliga beim SV Straelen eine Herrenmannschaft trainierte. Umso wichtiger war es für sie, dass sie von Beginn an als Autorität respektiert wurde. Sie erzählte, was ihr im ersten Spiel widerfuhr. Sie wechselte einen Spieler aus, woraufhin sich sein bester Freund auf dem Feld ziemlich echauffierte. Grings erinnert sich: *Der stand an der Mittellinie und schrie irgendwas, von wegen, was die Kacke jetzt soll. Ich hätte ihn direkt auswechseln können, habe mich aber für den anderen Weg entschieden. Ich habe ihn spielen lassen und nach dem Spiel in meine Kabine zitiert. Dort habe ich ihm gesagt: „Machst du das noch einmal, fliegst du aus dem Verein.“ Seitdem waren wir beste Freunde.*[28]

Als Führungsperson muss ich auch ständig sicherstellen, dass das, was ich senden will, auch tatsächlich so ankommt. Gerade am Ende von Gesprächen oder Meetings hilft es, das Gesagte nochmals Revue passieren zu lassen, die wichtigsten Take-aways zu formulieren, um davon ausgehen zu können, dass alle Teilnehmenden das Gleiche mitnehmen werden: „Gehen wir hier alle mit dem gleichen Mindset raus oder nicht?“ Dazu gibt es eine wunderbare Anekdote aus der Zeit, als Jogi Löw Bundestrainer war. 2011 knirschte es gehörig zwischen ihm und seinem Kapitän Michael Ballack, der ein Jahr zuvor wegen einer Verletzung die WM in Südafrika verpasst hatte. Der Spieler hatte das Gefühl, dass Löw ihm nicht mehr vertraute, das Thema schlug hohe Wellen. Und so trafen sich die beiden in einer Trattoria in Meerbusch zu einem Vier-Augen-Gespräch. Das Abendessen dauerte einige Stunden. Als sie nach dem Ergebnis gefragt wurden, war Löw der Meinung, er habe Ballack den Rücktritt nahegelegt, Ballack wiederum glaubte, Löw habe ihn ermutigt, nicht aufzugeben. Zwei kluge Männer kommen also aus einem so wichtigen Gespräch heraus und könnten das Ergebnis nicht unterschiedlicher wiedergeben. Deshalb: Am Ende von Gesprächen, die von einer gewissen Wichtigkeit sind, sollte man stets überprüfen, was auf der anderen Seite angekommen ist, damit es später zu keinen Missverständnissen kommt. Klarheit „rules“, ganz klar.

Zum Abschluss jeder Folge meines LEADERTALK- Podcasts stelle ich immer dieselbe letzte Frage, nämlich die Frage nach drei Trainern, die meine Gesprächspartner geprägt oder beeinflusst haben. Auf diese Antwort bin ich jedes Mals sehr gespannt und ich freue mich immer besonders, weil stets interessante Namen hervorgekramt werden. Als ich mit Frank Wormuth sprach, hatte er auch drei Namen parat. Der erste war Jogi Löw, den er als Co-Trainer bei Fenerbahce begleitet hatte, dann fiel der Name Arsène Wenger und schließlich sprach Wormuth auch von einem gewissen Uwe Ehret. Der hatte Ende der 1980er-Jahre auch mal den SC Freiburg trainiert, kennengelernt hatte Wormuth ihn aber beim Freiburger FC, wo Ehret zwischen 1991 und 1994 Trainer war. Was er von Ehret vor allem mitnahm: ***Er sprach immer von Aufgaben. Jeder Spieler habe eine Aufgabe, sagte er immer. Das mag banal klingen, aber wenn ich mir als Trainer sage, jeder Spieler muss eine Aufgabe haben, dann muss ich sie definieren und schon bin ich mittendrin im Fußballgeschäft.***[29]

Macht auch Sinn. Die Frage „Kennst du deine Aufgabe?“ sollte nicht nur erlaubt sein, sondern sollte sogar regelmäßig gestellt werden. Auch das bringt definitive Klarheit, sowohl für den Fragesteller als auch für den Fragebeantworter. Das Feedback bei solch einer einfachen Frage kann erstaunlich sein. Man darf sich nicht zu schade sein, manchmal die ganz einfachen Fragen zu stellen, auch wenn das auf der anderen Seite vielleicht als Kritik aufgefasst wird. Doch auch das muss geübt werden im Miteinander. Dieter Hecking sieht das ähnlich: ***Ich glaube, dass man immer noch nicht weiß, wie man mit Kritik umzugehen hat. Viele Leute fühlen sich sofort angegriffen. Das versuche ich meinen Mitarbeitern auch immer wieder zu sagen: Wenn ich Kritik äußere, dann geht es nicht darum, dich persönlich niederzumachen, dann geht es darum, dich besser zu machen, mit dir im Austausch zu sein, dir zu zeigen: Hey, das ist gerade nicht richtig. Es gibt viele, die damit überhaupt nicht umgehen können, die sich beleidigt zurückziehen. Das gilt es als Führungskraft zu vermitteln, dass sie sich eben mit Kritik auseinandersetzen.***[30]

In vielen Teams ist das Anbringen von Kritik ein äußerst delikates Thema. Positive Kritik wird dort so verstanden, einfach nichts zu sagen, wenn Dinge gut laufen; und wenn sie schlecht laufen, zum Rundumschlag auszuholen, damit sich die Fehler nicht mehr wiederholen. In einem solchen Klima wird Kritik mit Sicherheit nicht als ein „Geschenk" erachtet, was Kritik im Normalfall sein kann. ***Ich darf keinen verletzen, keinen angreifen. Aber wenn etwas nicht funktioniert, wenn jemand sich falsch verhält, dann muss ich diese Kritik deutlich, aber immer sachlich, nie verletzend vortragen,***[31] betont Thomas Schaaf.

Wie gut ein Team funktioniert, hat eine Menge mit der vorhandenen Feedbackkultur zu tun. Einen Raum zu haben, in dem Kritik möglich ist, in dem jeder vom anderen lernen will, in dem die Mitarbeitenden hören wollen, was sie besser machen können, ist unheimlich wertvoll und lässt sehr gut auf die Teamqualität schließen. Feedback gehört zu jeder Führungsrolle. Sie dient der Kontrolle und der Rückkoppelung. Klarheit in der

Kritik ist eine entscheidende Führungsqualität. Als Führungskraft bist du täglich darauf angewiesen, durch Kritik die Mitarbeitenden besser zu machen. Als Vorgesetzter ist man dabei die wichtigste Bezugsperson. Wenn Sie nicht die Dinge ansprechen, die anzusprechen sind, von wem sollen es die Mitarbeitenden sonst erfahren? Indem man kritisiert, Feedback gibt zu Leistung, Verhalten und Auftreten, eröffnet man die Chance, Dinge besser machen zu können.

Klare Kritik ist enorm wichtig. Es hilft den Teammitgliedern auf Dauer nicht, Kritik nur schonend oder weichgespült zu hören. Auch nicht, jemandem zu sagen, dass er einen Fehler gemacht hat, entscheidend ist aufzuzeigen, welchen Fehler. Ein klares und ehrliches Feedback kann ein Geschenk sein. So sieht das auch Stürmerlegende Horst Hrubesch: ***Ich habe es immer genossen, wenn mir jemand die Wahrheit gesagt hat.***[32] Denn damit wusste der Angreifer, was es zu verbessern galt. Nicht nur im Fußball ist es so: Für Höchstleistungen braucht es klare Kritik. Es gilt, die Dinge anzusprechen, die nicht gut gemacht worden sind. Wenn man Mitarbeitende nicht kritisiert, wenn sie etwas falsch machen, nimmt man ihnen die Möglichkeit, Höchstleistungen zu bringen. Und das ist unfairer, als sie mit Kritik zu verschonen. Was viele Führungskräfte aber falsch machen, ist, dass sie Feedback mit Groll, Ärger oder Unverständnis mixen. Hier einige Tipps, was gutes Feedback ausmacht:

1. **Feedback nur für Dinge, die beeinflussbar sind**
   Feedback soll helfen, Verhalten zu ändern. Wenn man nicht glaubt, dass der Feedbacknehmer etwas ändern kann, dann braucht es das Gespräch nicht.

2. **Was ist die Motivation?**
   Feedback sollte nicht dazu dienen, alte Rechnungen zu begleichen oder Wunden zu schließen.

3. **Wie steht es um die Emotionalität?**
   Wut hat in einem solchen Gespräch nichts zu suchen. Es geht um eine professionelle Herangehensweise.

4. **Respekt ist wichtig**
   Ehrlich sagen, was man denkt, ohne verletzend zu sein. Keine Verwechslung von Klarheit mit Brutalität.

5. **Das Positive im Blick haben**
   Die Stärken stärken und sich nicht an den Schwächen abarbeiten.

Am Ende geht es um die Frage: Kommt das an, was ich als verbesserungswürdig erachte? Herrscht beim Gegenüber Klarheit darüber, was verändert werden muss, aber auch, was gut war? Wenn Mitarbeitende bereits vorher „zumachen", weil sie von Anfang an das Gefühl haben, dass sie im Grunde nur „fertiggemacht" werden sollen, dann kann man sich ein solches „Klärungs"-Gespräch sparen.

Vorteile haben jene Trainer, die zu ihren Spielern bereits über einen längeren Zeitraum eine belastbare Beziehung aufgebaut haben. Diese hält dann auch Kritik aus. Tim Walter bringt diesen Aspekt perfekt auf den Punkt: ***Harmonie ist die Basis, dass man Widersprüche ausleben kann. Es geht darum, eine zwischenmenschliche Basis zu schaffen. Es ist einfacher, bei jemanden Kritik zu äußern oder zu bekommen, wenn man vorher eine Harmonie, eine gute zwischenmenschliche Beziehung hergestellt hat.***[33]

Diese Basis braucht es gerade dann, wenn die Emotionen mit einem durchgehen. Der erfahrene Friedhelm Funkel erzählt: ***Ich bin auch schon mal ausgeflippt. Ich habe auch mal in der Halbzeit die Tür zugeschlagen, dass die Wände wackelten. Ich habe manchmal zwei, drei Sätze gesagt und bin wieder raus, habe die Mannschaft alleingelassen und auf der Bank gewartet. Ich*** *habe den Jungs aber gesagt: „Ich bin immer für euch da, aber es gibt auch mal Momente, wo ich euch kritisieren muss.“*[34]

Die Spieler wussten immer, woran sie bei Funkel sind. Und diese Verlässlichkeit, die man durch Klarheit und Konsequenz erreicht, ist für jede Führungsperson sehr wichtig. Doch was tun, wenn trotz aller Klarheit in der Kommunikation Regeln nicht eingehalten werden? Im Fußball hilft dann der Strafenkatalog, damit die Dinge im gemeinschaftlichen Sinne getan werden. Dirk Schuster: *Manchmal müssen die Spieler es auch lernen wie ein Kind. Wenn ich sage: „Die Herdplatte ist heiß!“, und sie fassen trotzdem mit der Hand drauf, dann ist sie auch heiß. Dann verbrennt man sich auch mal.*[35]

Viele Trainer arbeiten gerne mit Strafenkatalogen, denn über den Geldbeutel lassen sich manche Dinge leichter regeln. Im Unternehmenskontext ist das schwer durchsetzbar. Klopp erzählte mir, dass er die „Bußgelder“ in Liverpool gar nicht kenne. Sein Spieler James Milner war bis zum Weggang zu Brighton 2023 der Kassenwart in Liverpool. *Er kannte die Strafen und kam dann zu mir und sagte, das sei zu wenig, das könne nicht nur 500 kosten. Ich sagte daraufhin: „Okay, was soll es kosten?“ Er sagte: „1000.“ „Okay, meinetwegen“, sagte ich dann. Mir ist das im Grunde genommen wurscht. Es geht mir nicht darum, dass ich bestrafe. Es geht mir darum, dass die Jungs feststellen, es gibt Konsequenzen*, sagt Klopp, der aber festgestellt hat, dass er über die Jahre *historisch wenig Strafen* ausgesprochen habe. *Wenn die Regeln klar und nachvollziehbar sind, dann muss man gar nicht so oft nachjustieren,*[36] so Klopp.

Wir sehen, am Ende geht es um Orientierung und um Klarheit. Der Rahmen, in dem sich Fußballspieler oder auch Mitarbeitende in Unternehmensstrukturen bewegen sollen, muss einfach klar sein und in irgendeiner Form klar kommuniziert werden.

DIE DREIERKETTE FÜR

KLARHEIT

LEITSATZ

Je mehr Klarheit man vorgibt, desto mehr funktionieren Abläufe, Absprachen und Prozesse im Team.

DAS KÖNNEN FÜHRUNGSKRÄFTE VON ERFOLGREICHEN TRAINERN LERNEN

Erfolgreiche Trainer führen ihre Spieler so, dass diese stets wissen, woran sie sind. Sie sorgen in Teamsitzungen dafür, dass die Denk- und Stoßrichtung für alle stets klar ist. Für Klarheit braucht es auch unangenehme Wahrheiten. Sanktionen können helfen, für mehr Deutlichkeit zu sorgen. Kritik wird stets wertschätzend vorgetragen.

DREI GUTE FRAGEN

Was sind die Eckpfeiler meiner klaren Kommunikation?
Führt mein Feedback zu mehr Klarheit oder zu mehr Widerstand?
Traue ich mich immer, Klarheiten auszusprechen?

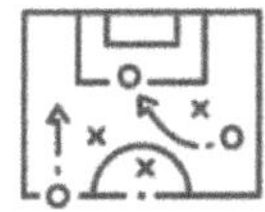

WERTEMANAGEMENT

„Wir Trainer müssen mehr denn je Vermittler
von gesunden Werten sein und
nicht nur Vermittler von Technik und Taktik."

NORBERT ELGERT

Eines der spannendsten Gespräche im Rahmen meines LEADERTALK mit Trainern über Führung war das mit Christoph Daum. Wenn ich das erzähle, gibt es immer wieder die Reaktion: „Echt jetzt? Hätte ich nicht gedacht." Das wundert mich dann immer wieder aufs Neue. Doch bei vielen ist Daum als Provokateur, als Dampfplauderer abgestempelt, dabei bestätigen seine Erfolge, was für ein großer Trainer er ist. Ein gutes Beispiel dafür, wie manche Menschen in eine Schublade gesteckt werden. Das ist schade, denn wenn jemand etwas über das erfolgreiche Arbeiten als Trainer erzählen kann, dann Christoph Daum. Er formte den 1. FC Köln Ende der 1980er-Jahre zu einem echten Spitzenklub, führte den VfB Stuttgart 1992 zur Deutschen Meisterschaft, gewann mit Beşiktaş, Fenerbahçe und auch Austria Wien den nationalen Meistertitel, schaffte mit dem 1. FC Köln 2008 den Aufstieg in die Bundesliga und wäre mit Bayer Leverkusen 2000 beinahe Deutscher Meister geworden. Dieser zweite Platz hinter den Bayern schmerzt Daum bis heute und natürlich sprachen wir auch über diesen schmerzlichen Tiefschlag am letzten Spieltag der Saison 1999/2000.

Bayer fehlte damals beim Spiel gegen die SpVgg Unterhaching lediglich ein Punkt, um Meister zu werden. Doch der Tabellenführer aus Leverkusen verlor sensationell mit 0:2, der FC Bayern gewann parallel im Spiel gegen Bremen und wurde Deutscher Meister. Ich fragte Daum, was er seiner Meinung nach aus der Sicht des Leaders hätte besser machen können, worin sein Anteil an der Niederlage lag. Daum antwortete: ***Ich habe nicht genügend gegengesteuert.***[37] Was er damit meinte: In den Tagen vor dem entscheidenden Spiel gingen im Bayer-Lager so ziemlich alle von einem Sieg aus. Bayer hatte viel Selbstsicherheit, wenig Respekt. ***Ich habe einige Warnsignale nicht richtig eingeschätzt, vielleicht sogar übersehen***, sagt Daum heute. „Bei uns war es so, dass schon eine Woche vorher ein Meisterlied komponiert wurde, dass ein Autokorso geplant worden ist. Wir sind mit Fans und Sponsoren nach München geflogen. Als wir dort ankamen, hatten wir schon Oktoberfeststimmung. [Die Mannschaft war sich] vielleicht zu sicher“,[38] sagt auch Ex-Nationalspieler Ulf Kirsten heute. Wir sehen also: Es fehlte der 100-prozentige Respekt gegenüber der Aufgabe in Unterhaching – etwas, womit Daum bis heute hadert. Und schon sind wir mitten in der Welt des Wertemanagements.

Werte spielen bei allen Dingen, die wir tun, sagen und denken, eine Rolle. Sie sind ganz individuell ausgeprägt, je nachdem, was der Mensch erlebt hat. Umso wichtiger, dass es in einer größeren Gruppe einen Konsens darüber gibt, welche Werte gelebt werden. Passiert das nicht, ist ein erfolgreiches Arbeiten fast unmöglich. Für einen Verbund von Menschen sind daher gemeinsame Teamwerte unglaublich wichtig.

Dabei gilt es zu sicherzustellen, dass die Art und Weise, wie ein Unternehmen, eine Mannschaft, eine Abteilung geführt wird, auch zu den Werten der Mitarbeitenden, der Spieler passt. Denn größere Systeme werden nur dann erfolgreich sein, wenn sie auch von Werten ihrer Mitglieder getragen werden. Das sorgt für ein zusätzliches Gemeinschaftsgefühl. Daher ist es für Führungspersonal zum einen wichtig zu wissen, welche Werte die Mitarbeitenden vertreten, und zum anderen darauf zu achten, dass nicht gegen die vereinbarte Wertekultur verstoßen wird. Die entscheidende Voraussetzung dafür ist, dass alle Mitarbeitenden die gemeinschaftlichen Werte kennen. ***Wichtig ist, dass wir Orientierung geben, Werte vermitteln, von denen wir überzeugt sind,***[39] sagt Daum.

Es geht um Prinzipien. Dass man diesen Prinzipien folgt, ist die Aufgabe von Führung. Es gilt sicherzustellen, dass diese Prinzipien auch respektiert werden. Bei Verstößen liegt es am Führungspersonal, diese zu sanktionieren. Wie eine Mannschaft auftritt, welches Bild sie nach außen abgibt, reflektiert immer auch die Persönlichkeit eines Trainers.

Werte kommen gerade in der Arbeitswelt zum Tragen:

- Wie gehen wir miteinander um?
- Welcher Umgangston ist an der Tagesordnung?
- Wie werden hierarchische Unterschiede gelebt?
- Wie stark wird eigenverantwortliches Arbeiten gefördert?
- Welche Belohnungsrituale gibt es?
- Wie wird mit Rückschlägen, Fehlern und Feedback umgegangen?

  usw.

Ich hatte Christoph Daum einmal während der Fußball-WM 2014 in Brasilien in Fortaleza getroffen. Wir kannten uns zu diesem Zeitpunkt noch nicht. Es war spät am Abend und er saß auf den Treppen vor einem Lokal, direkt an der Strandpromenade mit einer Zigarette in der Hand und wartete ganz allein auf ein Taxi. Meine Erfahrung war schon damals: Daum ist einfach gerne mit anderen Menschen zusammen, er unterhält sich gerne und ist offen. Insofern war es relativ typisch für ihn, auf mein

Gesprächsangebot einzugehen. Warum auch nicht? Er hatte gerade nichts anderes zu tun. Wir quatschten zehn Minuten und ich hatte den Eindruck, dass es ihm Spaß gemacht hatte. Später darauf angesprochen, konnte er sich nicht mehr an unsere Begegnung erinnern. Aber das machte nichts. Auf den Treppen in Fortaleza erlebte ich puren Respekt und Wertschätzung. Insofern erstaunte es mich nicht, dass Daum später, als ich ihn näher kennenlernte und ihn für den LEADERTALK interviewte, den Respekt als einen Grundwert seines Führungsstils in den Mittelpunkt rückte. Es ist in meinen Augen immer höchst empfehlenswert, im Leadership den Werten zu folgen, die man in sich trägt. Alles andere macht keinen Sinn. Aufgesetzten Werten zu folgen, ist weder authentisch noch zielführend.

Als ich mit Christoph Daum im LEADERTALK sprach, war er bestens vorbereitet. Das merkte ich spätestens, als er mir das Christoph-Daum-STARK-Modell vorstellte. Man höre! Er hatte dieses Modell entwickelt, weil er immer wieder nach einem Patentrezept für die Führung einer Fußballmannschaft gefragt worden war und irgendwann seine Gedanken in diesem Modell strukturierte. Daum identifiziert fünf wichtige Bereiche: Selbstvertrauen, Teamfähigkeit, Agieren, Respekt und Kommunikation – STARK eben. Besonders der vierte Bereich war ihm ein wichtiges Anliegen, der Respekt. ***Man muss sich Respekt erarbeiten, damit eine gewisse Disziplin entsteht***, war sein Credo. Das sei beileibe ***kein Selbstzweck***, argumentierte er, ***sondern etwas, um erfolgreich zu sein.***

Für ihn geht es immer darum, dass die Spieler einen respektvollen Umgang mit ihm als Trainer an den Tag legen, jedoch sich auch untereinander respektvoll begegnen. Die Absicht, die sich dahinter verbirgt, ist klar: Wenn ich den anderen respektiere, darauf achte, mit allen Mitgliedern der Gruppe im Einvernehmen zu agieren, nicht die Grenzen der anderen überschreite, ergibt sich daraus automatisch eine Selbstdisziplin. Echter Respekt geht über Toleranz hinaus, er zeigt sich in der grundsätzlichen Annahme des anderen und darin, dass man sich selbst nicht wichtiger erachtet. Man nimmt sich zurück und identifiziert sich mit den übergeordneten Werten der Gruppe. Das ist der Idealfall.

Doch was passiert, wenn einzelne Mitglieder sich nicht unterordnen wollen? Dirk Schuster sieht es so: ***Es gibt gewisse Grenzen links und rechts, aber auch einen Korridor, wo sich jeder frei bewegen kann. Wenn die Grenze überschritten wird, ist es wichtig, nicht immer sofort zu sanktionieren, sondern auch zu erklären, warum da eine Grenze ist und was das für Auswirkungen auf die Mannschaft haben könnte. Es geht mit der Pünktlichkeit los, geht mit der Ordnung weiter.***[40]

Es bringt wenig, sich einen Wert wie Disziplin auf die Fahnen zu schreiben, wenn man nicht weiß, was das für das eigene Verhalten bedeutet. Manuel Baum kennt das aus eigener Erfahrung: ***Spieler wissen heute extrem viel über Werte, aber nur als Worthülsen. Die können gut einzelne Werte herunterbeten, wie Disziplin. Was dahintersteckt, das steht wieder auf einem anderen Stern. Das gilt es herauszuarbeiten.***[41]

Werte müssen also begreifbar gemacht werden, sie sind wie eine Art Gebrauchsanweisung für den Umgang miteinander. In manchen Unternehmen erstellen Mitarbeitende tatsächlich auch „Gebrauchsanweisungen“ für sich selbst und hängen sie auf, wie mir manche Workshop-Teilnehmenden erzählten. Analog zu Betriebsanleitungen für technische Geräte, vermerkt jeder dort, was er oder sie braucht, um gut zu „funktionieren“, was andere von ihnen erwarten können und vielleicht auch, wo der Aus-Knopf zu finden ist. Es geht darum, dass klar wird, wie das volle Potenzial genutzt werden kann. Eine wunderbare Idee! Werte spielen bei dieser Anweisung eine wichtige Rolle, denn im täglichen Miteinander stoßen wir uns ja gerade an der Missachtung von Werten.

Aber wie steht es um Werte in einer Gemeinschaft? Wie definiert man sie? Und vor allem: Wer definiert sie? Die Teamleitung etwa? Christoph Daum sieht einen anderen Weg. Bei ihm erarbeitet sich die Mannschaft selbst einen Wertekatalog: ***Damit sie sich darin auch wirklich wiedererkennt.***[42] Folgende Fragen werden dabei beantwortet:

- Was ist uns eigentlich wichtig?
- Wie wollen wir miteinander umgehen?
- Worauf legen wir Wert?

Daum will die Spieler mit in die Verantwortung nehmen, um sie im Falle von Verstößen an ihre von ihnen selbst erarbeiteten Werte zu erinnern. Wenn diese Werte aus der Mannschaft kommen, sei die Identifikation mit diesen Werten ***eine ganz andere***, stellt auch Trainerkollege Manuel Baum fest: ***Das bindet einfach mehr und hat viel mehr Wirkung, als wenn man von oben kommt und oberautoritär alles vorgibt. Ich glaube, dass es wichtig ist, als Trainer diese Werte nicht vorzugeben. Ich erarbeite sowas gern mit der Mannschaft. Das ist im ersten Schritt eine Riesenherausforderung, weil eine Profimannschaft sehr heterogen ist.***[43] Eine Fußballmannschaft bestehe ja aus 20 bis 30 Spielern. ***Unterschiedliches Alter, unterschiedliches Bildungsniveau, unterschiedliche Kulturen,*** erklärt Baum. ***In Augsburg waren wir zwölf Nationen in der Mannschaft. Diese heterogene Mannschaft braucht aber was Gemeinsames. Und das ist am Anfang das Thema Werte.***

Nun kann sich die Mannschaft zwar auf gemeinsame Werte wie Respekt einigen und sich ihnen verschreiben, doch es bleibt die Aufgabe des Trainers, die Achtung der Werte im Auge zu haben und einzufordern. Jeden Tag. So nimmt es auch Florian Kohfeldt wahr: ***Es ist wichtig, sich Zeit zu nehmen, um sich zu begrüßen, um hallo zu sagen. Das ist mir unglaublich wichtig,*** *dass es auch von allen gelebt wird. Ich sage zu den Spielern: „Wenn ihr die Wäschefrau nicht mit der Hand begrüßt, dann haben wir ein Problem. Das zeugt von einer Form von Respekt.*“[44] Die Einhaltung der Grenzen ist Aufgabe des Trainers; läuft es ideal, überprüft die Gruppe am Ende selbst, was wertekonform ist und was nicht. Doch die Autorität der Führungskraft ist am Ende entscheidend, wie Werte in einem Team respektiert werden. ***Egal, wer führt,*** sagt Norbert Elgert, ***wir Trainer müssen mehr denn je Vermittler von gesunden Werten sein und nicht nur Vermittler von Technik und Taktik. Gesunde Werte geben dem Einzelnen Halt und Orientierung. Gemeinsame Werte stärken das Wir-Gefühl.***[45]

Es macht also auf jeden Fall Sinn, sich zu fragen: Welchen Werten folgen wir im täglichen Miteinander? Dafür ist es sinnvoll, dass Trainer und Führungskräfte prinzipiell auch für sich festhalten, wie der eigene Wertekanon aussieht. „Wie soll ich anderen Werte vermitteln, wenn ich selbst nicht meine eigenen Werte kenne?“, fragte mich zuletzt ein junger Trainer eines Nachwuchsleistungszentrums aus der Bundesliga, der an einem meiner Workshops teilnahm. Und er hatte recht. Für ein authentisches und starkes Auftreten muss ich mich gut kennen, muss meine Werte herausfinden, auch meine Stärken und Schwächen. Wahre Persönlichkeit ergibt sich erst aus dem Bewusstsein für das eigene Ich. Und erst die Werte, die wir in uns tragen, machen uns zu der Person, die wir sind. Diese zu kennen und zu leben, gibt uns Sinn und Bedeutung. Deshalb gehört für mich die Wertearbeit zu jedem guten Workshop, in dem das Auftreten und die Persönlichkeit geschult werden.

Manuel Baum hat ein spannendes Bild dazu entworfen, welche Rolle die Werte und Prinzipien für das Geflecht einer Gruppe, einer Mannschaft haben: ***Man hat Backsteine, die immer unterschiedlich ausschauen. Mal sind sie groß, mal klein, mal heller, mal dunkler. Und diese Steine möchte man gerne*** *aufeinanderstapeln, um eine Mauer zu errichten. Wenn man sie einfach so aufeinanderstapelt, dann könnte man sie relativ einfach auseinanderstoßen. Aber wenn man es schafft, einen Kitt zwischen diesen Steinen zu erzeugen, dann wäre es wirklich schwierig, diese Mauer umzustoßen. Dieser Kitt steht für die Werte und die gilt es zu entwickeln,*[46] so beschreibt es der Trainer.

Werte halten also zusammen. ***Wenn du 25 Halbstarke hast, die als Mannschaft funktionieren müssen, musst du einen Rahmen vorgeben, in dem sich die Mannschaft bewegen soll,***[47] sagt Thomas Reis. Manchmal reicht es schlicht nicht aus, eine Wertediskussion angestoßen zu haben. Teamregeln oder auch Teamprinzipien ersetzen das ein Stück weit, sind aber deutlich verbindlicher als ein Wertekatalog. Hilfreich kann auch sein, sich Rückmeldungen aus dem Team zu holen, indem man fragt, woran man merkt, dass Werte respektiert werden und was passieren muss, dass gegen sie verstoßen wird. Diese Rückmeldungen machen die Erwartungshaltung fest und helfen bei der Respektierung der erarbeiteten Werte. Doch ohne das Wertemanagement der Führungsperson geht es meistens nicht. Es braucht die Vorgaben des Vorgesetzten, um Werteverletzungen zu thematisieren, zu sanktionieren und abzustellen.

Eine Szene, die sich während der WM 2023 in Katar im deutschen Lager zutrug, verdeutlicht das. In der Fernsehdoku All or Nothing ist zu sehen, wie bei einer Teambesprechung nach dem ersten deutschen WM-Spiel gegen Japan unter anderem Armel Bella-Kotchap etwas zu spät kommt. Der damalige Bundestrainer Hansi Flick moniert das und betont, dass das nicht mehr vorkommen solle. Doch am nächsten Tag schafft es der Dortmunder Julian Brandt, ebenfalls zu spät zu kommen, garniert mit einer betont lässigen Art. Flick ist sichtlich genervt: „Zu diesem Thema sage ich noch einmal was, einmal und das letzte Mal. Gestern gab es ein paar, die zu spät waren. Das ist etwas,

was Respekt und Wertschätzung den anderen gegenüber betrifft. Ich denke, das seht ihr genauso, oder?“[48] Die Spieler haben sich auf einen gemeinsamen Kanon an Werten geeinigt, doch leben diesen nicht. Da braucht es die Autorität des Trainers, um einzuschreiten.

Horst Hrubesch hat in einer Situation mal einen besonderen Umgang mit „respektlosen“ Spielern gefunden, wie er mir in einer Anekdote erzählte. In seiner Funktion als U-21-Nationaltrainer der Herren war er mit seinem Team für ein Spiel in der Ukraine. In der Vorbereitung zu diesem Spiel war einer seiner Spieler dreimal zu spät gekommen. ***Jeder hat schon gewartet: „Oh, oh, was macht er jetzt mit ihm?“,***[49] erzählt der Ex-Nationalspieler. Doch Hrubesch sagte bewusst nichts. Anders als Flick zog er es vor zu schweigen. Das Spiel stand bevor. Man sieht also, dass auch der Zeitpunkt des Einschreitens wichtig ist. Spreche ich Fehlverhalten sofort an? Wiege ich die Mitarbeitenden in Sicherheit, indem ich erst mal nichts sage? Hrubesch entschied sich in diesem Fall für Letzteres. Das Team gewann 3:0 und flog am nächsten Tag zurück nach Deutschland. Dort absolvierte man immer noch ein Auslaufen, bevor es für die Spieler zurück zu den Vereinen ging. Hrubesch erzählt: ***Ich habe dann diesen Spieler geholt, ihn in den Arm genommen, ihn neben mich gestellt und den anderen gesagt: „So, wir laufen jetzt fünfmal 400 Meter.“ Da haben mich alle ganz groß angeguckt. Da habe ich gesagt: „Aber gutes Dauerlauftempo.“*** Die Spieler liefen die erste Runde. ***Bis dahin war alles ruhig. Nach der ersten Runde fragten die Spieler, warum der andere Spieler nicht laufen muss, aber sie. Da sagte ich: „Ist doch ganz einfach: Den habt ihr immer in Ruhe gelassen, der durfte sogar dreimal zu spät kommen bei euch und keiner hat etwas gesagt. Also, warum soll ich den laufen lassen, wenn ihr so dämlich seid und ihm das nicht sagt?“ Nach der zweiten Runde haben sie ihm gedroht, nach der dritten Runde habe ich Gottseidank abgebrochen.*** Die

Konsequenz: *Ich brauchte mir anschließend keine Gedanken mehr machen, dass irgendeiner zu spät kam.*

Eine Geschichte, die die Einschätzung von Felix Magath bestätigt: Regeln sind dafür da, eingehalten zu werden. Und wenn es zu Regelverstößen kommt, muss man agieren. *Um eine Gruppe funktional zu machen, braucht es Regeln, die für alle gleich sind. Das gilt für alle Gruppen. Es ist schwierig, ohne Regeln eine Gruppe homogen zu kriegen,*[50] sagt Magath. Das Gute ist ja, dass man als Trainer jeden Tag die Möglichkeit hat zu überprüfen, inwieweit sich die Gruppe an Werte hält. Das Schlechte ist, wenn Verstöße nicht geahndet werden. Das Schwierigste ist es, Werte vermitteln zu wollen und dann nicht auf ihre Einhaltung zu achten. Ewald Lienen erzählt aus seiner Praxis: *Wenn ich eine Trainingseinheit absolviere, wenn ich sehe, wie Menschen miteinander umgehen, dann sehe ich, auf welcher Basis von Werten sie das machen. Dann müssen alle mitziehen. Wenn ich dort faule Äpfel habe, denen das völlig egal ist, wenn die ganz andere Werte haben, dann laufe ich vor die Wand. Das heißt, das, was ich möchte, muss man im Training sehen – durch gegenseitiges Helfen, durch respektvollen Umgang. Da kann ich nicht jemandem die Ohren wegtreten oder einen Konkurrenten beleidigen. Respektvolles Verhalten, wertebasiertes Verhalten sehe ich die ganze Zeit, wenn ich will.*[51]

Ein wichtiger Punkt für Führungspersonal: Man muss jeden Tag, jede Stunde darauf achten, wie im Team miteinander umgegangen wird. Lässt man Regelverstöße unkommentiert, sorgt das für einen erheblichen Autoritätsverlust. Steht es um die Werteeinhaltung mau und reagiere ich nicht direkt, wirkt sich das auf eine Gruppe aus wie ein Virus auf den Körper: Er schwächt allmählich den gesamten Organismus.

DIE DREIERKETTE FÜR WERTEMANAGEMENT

LEITSATZ

Gemeinsame Werte sind der Kitt, der eine Gruppe zusammenhält.

DAS KÖNNEN FÜHRUNGSKRÄFTE VON ERFOLGREICHEN TRAINERN LERNEN

Teams müssen sich ihre wichtigsten Werte selbst erarbeiten. Kommt es zu Verstößen, braucht es die Autorität der Führungsperson, diese zu sanktionieren oder auf die Einhaltung der verabredeten Regeln und Werte zu pochen. Die eigenen Werte vor Augen zu haben, hilft in der Führung, deshalb sollte man als Führungskraft unbedingt auch die eigenen Werte erarbeitet haben.

DREI GUTE FRAGEN

Welche Werte sind mir im persönlichen Umgang wichtig?
Kennen die Menschen in meinem Umfeld die gemeinsamen Werte?
Passen die Werte in meinem Umfeld zu meinen eigenen?

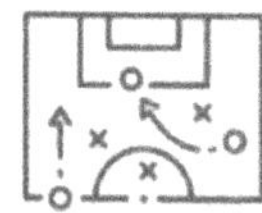

MACHT

„Der Trainer muss den meisten Einfluss auf die Mannschaft haben."

FELIX MAGATH

Es war der 21. Juli 2004. In einem Hotel in New York kam es an diesem Tag zu einem geschichtsträchtigen Treffen zwischen der Spitze des Deutschen Fußballbundes (DFB) und dem ehemaligen Nationalspieler Jürgen Klinsmann. DFB-Präsident Gerhard Mayer-Vorfelder und Generalsekretär Horst R. Schmidt hatten ein Problem. Sie hatten eine Nationalmannschaft, aber keinen Trainer dazu. Nachdem die DFB-Elf bei der Europameisterschaft 2004 in Portugal nicht ein Gruppenspiel gewann und blamabel aus dem Turnier ausgeschieden war, trat Teamchef Rudi Völler zurück. Er hatte zwei Jahre vor der wichtigen Heim-Weltmeisterschaft in Deutschland Platz für einen Neuanfang schaffen wollen.

Doch die Suche nach dem Neuen entpuppte sich für den DFB zu einer Dauerfarce. Der Verband kassierte eine Absage nach der anderen. Zuerst Ottmar Hitzfeld, dann Jupp Heynckes, später Otto Rehhagel. Willige Kandidaten wie Thomas Schaaf und Felix Magath waren vertraglich an ihre Vereine gebunden. Ex-Bundestrainer Berti Vogts meldete sich in dieser Zeit bei den Verbandsoberen und empfahl ihnen ein Gespräch mit Jürgen Klinsmann. Jürgen Klinsmann? Der Welt- und Europameister lebte nach seinem Karriereende in der Nähe von Los Angeles. Er hatte zwar dank eines Schnellkurses die Trainerlizenz des DFB erlangt, doch er war als Trainer – außer bei diversen Praktika – nie in die Nähe einer Mannschaft gerückt. Aber er hatte Ideen und da die Not groß war, entschlossen sich Mayer-Vorfelder und Schmidt zu diesem Trip in die USA. Klinsmann hatte zwar keine Erfahrung als Trainer gesammelt, doch er war ein brillanter Visionär, der spürte, dass die deutsche Nationalelf dringend Reformen brauchte, um den Anschluss an die Weltspitze wiederzuerlangen. Fünf Stunden lang saßen die drei in New York zusammen und Klinsmann präsentierte seine Vision vom DFB-Team. Mayer-Vorfelder war begeistert und entgegnete laut Klinsmann, wie in der Klinsmann-Biografie von Erik Kirschbaum nachzulesen ist: „Mach es, wie du willst, mach es, wie du willst! Ich unterstütze dich."[52] Später ging Mayer-Vorfelder auch in seiner eigenen Biografie auf diesen Moment ein: „Mir war sofort klar, dass Klinsmann mit seinen Ideen und Methoden beim ‚Traditionsverein' DFB auf erheblichen Widerstand stoßen würde. Ich war mir aber auch sicher, dass es sich lohnen würde, ihm den Rücken zu stärken. … Ich sagte ihm zu, seine Wünsche und Forderungen im DFB durchzusetzen."[53]

Was folgte, war eine der spektakulärsten Erfolgsgeschichten, die der Weltfußball auf diesem Niveau gesehen hatte. Ein lebloser, uninspirierter, schlecht Fußball spielender Haufen entwickelte sich innerhalb von zwei Jahren zu einer selbstbewussten, begeisternden und modern spielenden Truppe, die das ganze Land in ihren Bann zog und am Ende bejubelter WM-Dritter wurde. Ich selbst war als Berichterstatter beim Spiel um Platz drei in Stuttgart gegen Portugal. Die Begeisterung, die ich damals in der Stadt erlebte, als 25.000 völlig enthusiastische Stuttgarter „ihre Mannschaft" in der Stadt empfingen und den Verkehr zusammenbrechen ließen, hatte ich bis dato nie erlebt – und auch bis heute nicht noch einmal. Klinsmann, der völlig unerfahrene Trainer, hatte es geschafft, den schwerfälligen und angegriffenen DFB einer radikalen und schmerzhaften Reformtherapie zu unterziehen, aber auch die Spieler mit vielen Änderungen zu Höchstleistungen zu bringen.

Möglich war ihm das nur, weil er die uneingeschränkte Handlungsvollmacht seitens der DFB-Spitze besaß. Klinsmann wusste, dass seine Arbeit nur unter diesen Bedingungen Erfolg haben könnte. Er zeigte sich unnachgiebig. „Ich sagte ihnen: ‚Wenn Sie mich wollen, dann werden wir es so machen oder gar nicht.' Hätten sie dem nicht zugestimmt, dann hätte ich den Job nicht angenommen."[54]

Klinsmann versicherte sich also zunächst einmal der kompletten Unterstützung der Bosse für seinen Weg. Wie wichtig das ist, kann eine unendliche Zahl an Führungskräften bestätigen, die in ihren Systemen Veränderungen vornehmen wollen, aber scheitern müssen, weil sie nur eingeschränkt handlungsfähig sind. Wie viele Team- und Gruppenleiter habe ich erlebt, die sich in ihrem Gebiet bestens auskennen und die genau wissen, was getan werden muss, um „ihr Schiff" in die richtige Richtung zu steuern. Schließlich sind sie die Fachleute, kennen die Abläufe und die spezifischen Bedingungen. Doch oft nehmen sie sich Veränderungen vor und müssen dann doch größte Kompromisse eingehen, weil es eine oder zwei Ebenen höher einen anderen Fokus gibt, sie auf Bedenkenträger stoßen, die sich nicht berücksichtigt fühlen oder einfach eine abweichende Meinung zu einem Thema haben. Die Frustration für Führungskräfte ist groß, Entscheidungen ihrer eigenen nächsten Führungsebene an die Mitarbeitenden „verkaufen" zu müssen, die mit den eigenen Vorstellungen nur sehr wenig zu tun haben.

Klinsmann war dazu nicht bereit. Er wusste, dass bei seinem Reformwillen jede Diskussion zwischen ihm und dem DFB-Präsidium negative Auswirkungen gehabt hätte. Die ihm verliehene Macht ermöglichte Klinsmann seinen Weg. Daher macht es Sinn, sich vor manchem angedachten Veränderungsprozess des Wohlwollens seiner Chefs zu versichern. Nicht für alles, denn das wäre illusorisch und unrealistisch, jedoch sollte man sich stets darüber im Klaren sein, welchen Handlungsspielraum es braucht, um Dinge voranzubringen. Und manchmal ist es eben wichtig, das „Go“ der nächsthöheren Führungsebene zu haben – zum einen, um die Erfolgschancen zu erhöhen, zum anderen, um vor seinem eigenem Team nicht irgendwann zurückrudern zu müssen.

Auch die Nationalspieler verstanden nach der EM 2004, dass mit Klinsmann kein zahnloser Tiger vor ihnen stand, sondern einer, der meint, was er sagt, und vor allem, der die Dinge macht, die er ankündigt. Bei der ersten Zusammenkunft im August 2004 der Ikone Oliver Kahn die Kapitänsbinde zu entziehen und an Michael Ballack zu übertragen und gleichzeitig einen Konkurrenzkampf zwischen Kahn und Jens Lehmann um die Nummer eins im Tor auszurufen, kam einer Revolution gleich. Klinsmann wurde von vielen Seiten dafür angegriffen, aber die Spieler wussten dadurch: Jeder hat eine Chance zu spielen, wenn er die Leistung dafür bringt. Alte Pfründen spielten ab sofort keine Rolle mehr.

Das gleich zum Start so durchzuziehen, zeugte von Macht, Autorität und Mut. Alles drei braucht es, wenn Menschen andere mitnehmen und beeindrucken wollen. Die Spieler akzeptierten Klinsmann, auch weil sie ihn akzeptieren mussten. Ihnen war klar, dass er die Rückendeckung des „Systems“ besaß. Es gibt nichts Schlimmeres, als wenn Führungskräfte von ihren Vorgesetzten zurückgepfiffen werden. Der entstehende Autoritätsverlust bei ihren Mitarbeitenden ist dadurch kaum wieder rückgängig zu machen. Deshalb sucht eine kluge Führungskraft vor wichtigen Entscheidungen auch den Weg zur Etage darüber: Zum einen, um den eigenen Chef mit ins Boot holen, zum anderen, um keine böse Überraschung zu erleben, wenn die Katze aus dem Sack ist. Wie sagte es Jürgen Klopp: ***Du musst die rich-***

tigen Chefs haben. Wenn die dir vertrauen und dich machen lassen, dann ist der Job wunderbar.[55]

Ein Team muss das Gefühl haben, dass der Leiter, der Vorgesetzte die Zügel in der Hand hat und die Dinge durchsetzt, die er ankündigt. Das sorgt für Respekt und Anerkennung. Auf der anderen Seite muss auch eine übergeordnete Führungskraft ein Interesse haben, die Autorität seiner Angestellten zu stärken. Der Gedanke der Autoritätsübertragung geht also in beide Richtungen. In hierarchischen Systemen gibt es die Ebene über mir, bei der ich mir Unterstützung hole, und es gibt die Ebene unter mir, der ich selbst wiederum meine Unterstützung gebe, damit der- oder diejenige „machtvoll" agieren kann.

Die Veränderungen, die rund um die Nationalspieler ab 2004 passierten, waren massiv, doch die Mannschaft spürte auch, dass Klinsmann alles für sie tat, damit jeder Einzelne sich verbessern konnte: neue Fitnesstrainer aus den USA, die individuell angepasste Trainingsinhalte für die Spieler entwickelten, der Ausschluss von Funktionären und Sponsoren von Essen und Meetings, Einführung von Eistonnen zur Regeneration nach den Spielen, die man bis dahin nur aus dem American Football kannte, mit Oliver Bierhoff ein neuer Teammanager als Ansprechperson, private Teamräumlichkeiten während der Zusammenkünfte. Klinsmann gab seinen Spielern sogar einen Kalender mit an die Hand, in dem Verhaltensregeln standen, und auch die Geburtstage aller Spieler, damit man sich gratulieren kann. All diese Veränderungen verliehen Klinsmann eine Autorität, die bei den Spielern für Respekt sorgte. Sie spürten, dieser Trainer zeigt Stärke.[56]

Erleben wir Menschen, die Autorität ausstrahlen, ist die Ehrerbietung groß. Olivia Fox Cabane schreibt in dem Buch Das Charisma-Geheimnis: „Autoritäts-Charisma basiert vor allem auf der Wahrnehmung von Macht oder Stärke – dem Glauben, dass diese Person fähig ist, die Welt zu verändern. Wir bewerten die Autorität eines Menschen anhand von vier Indikatoren: Körpersprache, Erscheinung, Titel und wie andere auf denjenigen reagieren."[57] Der entscheidende Gedanke bei dieser Definition ist für mich, dass wir also gerne Menschen folgen, bei denen wir das Gefühl haben, dass sie fähig sind, die Welt zu verändern. Dabei geht es auch um Dinge wie unternehmensinterne Prozesse oder auch berufliche Karrieresprünge. Wenn ich als Angestellter das Gefühl habe, dass mein Vorgesetzter mir den Weg nach oben weisen kann, stärkt das seine Autorität, dann beeindruckt mich das. Oder wenn ich spüre, dass er mir Dinge beibringt, die mich im Positiven verändern, dann bewirkt auch das, dass ich gerne folge. Leader müssen ausstrahlen: Wenn du mir folgst, bist du auf der richtigen Seite.

Die Entscheidungen einer Führungskraft sind aber nur das eine – wie sie in der Realität auftritt, ist das andere. Beides sollte zueinander passen. Autorität braucht Ausdruck. Als Arzt reicht oftmals ein weißer Kittel, um beim Gegenüber für Ehrfurcht und Respekt zu sorgen. Bei Piloten passiert ähnliches. Auch akademische Grade bewirken, dass Menschen besser zuhören. Titel verleihen also auch Autorität. Bei Fußballmannschaften der oberen Ligen ist es zum Beispiel von Vorteil, selbst ein erfolgreicher Fußballer gewesen zu sein oder aber bereits ganz große Titel gewonnen zu haben. Ist all das nicht der Fall, muss ich mir als Trainer andere Wege suchen, um als Autorität wahrgenommen zu werden und mir Respekt zu verschaffen.

Teams, Abteilungen merken sofort, wie die Führungskraft im Gesamtsystem eingebettet ist. Stellt sie einen Machtfaktor dar? Wird sie respektiert? Kann sie die Dinge wirklich verändern oder ist sie zu sehr von anderen abhängig? Klinsmann machte von Beginn an mit Taten und Entscheidungen deutlich, dass er die Dinge ändert, dass er freie Hand hat bei dem, was er wie tut. Renommierte Trainer haben zwar per se erst einmal einen Kredit bei ihren Spielern, dennoch müssen auch sie von Anfang an

Autorität ausstrahlen, nämlich durch die Art, wie sie auftreten, wie sie Entscheidungen treffen und diese konsequent umsetzen. Doch das Wichtigste bleibt in meinen Augen: Bist du als Trainer, als leitender Angestellter in der Lage, die Dinge zu ändern? Wirst du als Machtfaktor in deinem System respektiert? Wenn ja, muss man sich um die Autorität keine Sorgen machen. Werden Entscheidungen allerdings dauerhaft torpediert, hinterfragt und nicht ernst genommen, wird es schwierig.

So wie bei Klinsmanns Zeit beim FC Bayern München in der Saison 2008/2009. Denn so wie seine vorhandene Macht der Erfolgsfaktor in der Nationalmannschaft zwischen 2004 und 2006 war, so war die fehlende Macht 2008 beim FC Bayern der Faktor für das Scheitern. So schwerfällig und irrational die verschiedenen Ebenen beim DFB funktionierten, mit dem „Go" des Präsidenten und seines Generalsekretärs konnte Klinsmann nach eigenem Ermessen schalten und walten. Keiner redete ihm hinein. Beim FC Bayern war das mit einer charismatischen und eigenwilligen Führungsfigur wie Uli Hoeneß per se unmöglich. Hoeneß hing so sehr an dem Verein, an allem, was den FC Bayern betraf, dass er stets ein Mitsprache- und auch Vetorecht haben wollte. Die Veränderungen, die Klinsmann in München anstieß, wurden auf höchster Ebene kritisch gesehen und das spürten auch die Spieler. Dazu kommt: In einem Verbund von 25 Akteuren gibt es immer unzufriedene Spieler. Findet deren Kritik an einer Stelle im System Gehör, werden automatisch die Autorität und die Macht des Trainers untergraben.

Als Klinsmann in München nach den ersten Wochen bemerkte, dass der Einsatz bei Sturmlegende Luca Toni verbesserungswürdig war, ging er zu dem italienischen Weltmeister von 2006 und sagte: „Okay Luca, Wir haben beide die Weltmeisterschaften gewonnen, jetzt lass uns wieder an die Arbeit gehen."[58] So etwas kommt nicht immer gut an bei Spielern, die einen gewissen Status erlangt haben. In solchen Fällen darf die Autorität des Trainers von anderen Ebenen nicht untergraben werden, die Reihen müssen geschlossen bleiben. Wenn nicht, sind die Tage des Trainers im Grunde gezählt, sobald sich die ersten Misserfolge einstellen. Und so war es schließlich auch mit der Ära Klinsmann bei Bayern München. Karl-Heinz Rummenigge, der CEO des Vereins, räumte später in Interviews ein, dass es dem im April 2009 geschassten Trainer an Unterstützung gefehlt habe.

Deshalb muss eine Führungskraft unglaublich gute Antennen haben. Unzufriedene Mitarbeitende gibt es immer. Man kann fast nie alle glücklich machen, das gelingt nur in den seltensten Fällen. Sind die unzufriedenen Leute in der Lage, an anderen Stellen Koalitionen zu schließen, sorgt das für Probleme. Als Führungskraft brauche ich also ein Gespür dafür, wen ich thematisch wie persönlich abhole, damit es gar keinen Bedarf gibt, sich woanders „auszuheulen".

Wird die eigene Macht von den Vorgesetzten angegriffen und gerät dadurch ins Wanken, weil sie sich in Dinge einmischen, Maßnahmen einfordern, die den eigenen Vorstellungen zuwiderlaufen oder weil sie Druck ausüben, bedarf es einer klugen Strategie, einen denkbaren „Gesichtsverlust" im eigenen Team zu thematisieren. Offenheit kann da helfen. Ist der Gesichtsverlust zu massiv, ziehen viele an solchen Stellen auch die Reißleine. Sie bleiben konsequent und gehen, statt sich etwas vorschreiben zu lassen, das ihre „Macht" schrumpfen lassen würde.

Ein solche Situation erlebte zum Beispiel César Luis Menotti, der Trainer, der Argentinien 1978 zum Weltmeister gemacht hatte. Er kündigte 1988 bei Atlético Madrid, weil der damalige Präsident Jesús Gil y Gil ihn aufgefordert hatte, einige Spieler zu bestrafen, die nicht gut gespielt hatten. Während dieser Unterredung stand Menotti auf einmal auf, gab dem Präsidenten die Hand und sagte: „Zwischen uns beiden wird es innerhalb des Fußballs keine Beziehung geben können."[59] In dieser Einmischung des Präsidenten sah er einen Angriff auf seine Autorität und das wollte er sich – auch hinter verschlossenen Türen – nicht gefallen lassen. Sie war ihm heilig.

Um Erfolg zu haben, ist der Rückhalt der Vereinsspitze für einen Trainer unglaublich wichtig und unerlässlich. Wie sonst hätte ein Alex Ferguson die ersten vier Jahre bei Manchester United ohne Titel und mit zwei elften Plätzen überlebt? Anschließend gewann er 38 Trophäen, darunter 13 Meistertitel. Ein gutes Beispiel, wenn Trainer die anerkannte Autorität im Verein sind. Genauso ist es meines Erachtens auch in Unternehmen. Führungskräfte, die mit ihren Ideen gestützt werden, die den Rückhalt ihrer Chefs spüren, sind erfolgreicher.

Ein altbekanntes Sprichwort sagt: Viele Köche verderben den Brei. Ein kluger Satz. Ich bin selbst leidenschaftlicher Koch und kann den Wahrheitsgehalt dieses Spruches von zu Hause bestätigen. Die Streitigkeiten mit meiner Frau Nina in der Küche über die Fragen, wie was gekocht wird, welche Maßnahme es gerade braucht, waren ab dem Zeitpunkt beendet, als festgelegt wurde: Heute bist du Chef, ich Helfer. Als Helfer darf man nur noch zuarbeiten und darf nicht ein Wort mehr zum Hergang des Kochprozesses sagen. Am nächsten Tag wechseln dann die Rollen. Seit dieser Entscheidung ist das gemeinsame Kochen ein echtes Fest.

In der Führung eines Teams ist es genauso. Nicht nur, dass Streitigkeiten lähmen, nein, sie strahlen auch negativ aus. Und Menschen merken, sobald zwei oder drei Führungskräfte zusammenkommen und sich nicht verstehen oder keine klare Abmachung über das letzte Wort haben. Einer sollte am Ende die Entscheidungen treffen und zwar am besten die Führungskraft, die auch die Verantwortung nach außen trägt und den Kopf für die Ergebnisse hinhalten muss.

Zurück zum Fußball: In England sind die vorherrschenden Strukturen in den Vereinen für die Autorität des Trainers deutlich förderlicher als in Deutschland. Der Trainer ist dort gemeinhin der Boss. Punkt. Das macht einiges einfacher. David Wagner, der den englischen Klub Huddersfield Town zwischen 2015 und 2019 trainierte und in dieser Zeit den Aufstieg in die Premier League perfekt machte, erzählt über seine Erfahrungen: ***In Huddersfield hatte ich einen sehr guten Besitzer [des Klubs] an meiner Seite. Ich kam in einen Verein, der in 100 Jahren das erste Mal einen nichtbritischen Trainer hatte, mit ganz neuen Ideen, neuen Ansätzen. Da konnte man richtig viel bewegen, mit der Unterstützung des Besitzers.***[60]

Ähnlich wie bei Jürgen Klinsmann war es also auch hier so: Der Besitzer des Klubs gab Wagner eine große Machtbefugnis, ließ ihn machen. Grabenkämpfe, ermüdende Überzeugungsarbeit fielen so weg und das Wichtigste: Die Spieler wussten, wer der Chef im Ring war, sodass Vorgaben viel besser angenommen werden konnten. Die Kultur in England begünstigt ein solches Vorgehen, wie Wagner bestätigt: ***In England ist alles viel hierarchischer. Dort wird der Trainer oft „Boss" genannt. Da ist die Achtung viel, viel höher angesetzt, als wir das in Deutschland kennen. In der Regel setzt du dich auch nur mit den älteren Spielern auseinander, das ist sehr hierarchisch strukturiert. Viele Mitarbeiter sprechen dich auch nicht an, schon gar nicht mit dem Vornamen. Sie sprechen nur, wenn du sie ansprichst.***

Es gibt demnach einen großen Machtstatus für Trainer in England, der ihnen vorab eine große Autorität zuweist. Das macht einiges leichter, um Entscheidungen durchzubringen. Somit ist man in England besser in der Lage, Pläne und Vorstellungen umzusetzen, nach außen wie nach innen. Maßnahmen werden dort nicht so schnell angezweifelt. Was mache ich aber in einer Unternehmenskultur, in der Mitarbeitende die Macht des Vorgesetzten gerne anzweifeln, weil sie anderer Meinung sind, weil sie berücksichtigt werden wollen etc.? Die Antwort ist einfach: Ich muss den Mitarbeitenden die Möglichkeit geben, sich auszudrücken und andere Sichtweisen in Vier-Augen-Gesprächen zu thematisieren. Als Vorgesetzter muss ich diese ernst nehmen, gegebenenfalls auch kritische Punkte aufnehmen und dadurch in einen echten Dialog gehen. Gleichzeitig muss aber am Ende klargemacht werden, dass es weiterhin nur den einen Weg gibt, den man selbst vorgibt, und dass alle an einem Strang ziehen müssen.

Es darf eben nur einen Chef geben, so wie beim Kochen auch. Doch manchmal gibt es Strukturen, die das verwässern, etwa wenn es mehrere gleichberechtigte Leiter in einer Abteilung gibt. Das kann einen Mehrwert haben, doch falls es Dissonanzen gibt, strahlt das sofort auf das gemeinsame Team aus.

Als Leitung einer Abteilung oder eines Teams muss ich gewährleisten, dass ich den größten Einfluss behalte. Als professioneller Fußballtrainer in Deutschland ist das recht schwer. Es gibt einen Sportvorstand, einen Präsidenten, einen Sportdirektor – und alle wollen immer mitreden. Das geht ganz oft schief. Einer, der schon seit Jahren propagiert, dass Trainer mehr Machtbefugnisse brauchen, ist Felix Magath. In unserem Gespräch wiederholte er seine These: *Der Trainer muss den meisten Einfluss auf die Mannschaft haben. Er muss nicht alles machen. Er muss nicht die Spieler verpflichten, aber er muss Einfluss auf die Verpflichtung haben, was dann dem sportlichen Erfolg zugutekommt.*[61] Diese Überzeugung gewann Magath bereits als Spieler. *Da war der Trainer der entscheidende Mann. Dann kamen die ersten Manager. Dadurch verschoben sich auch die Machtverhältnisse. Der Trainer wurde immer mehr entmachtet, sodass die Trainer viel zu wenig Einfluss auf das Geschehen bekommen haben. Und der Trainer hat sich eben angepasst und versucht, so zu arbeiten, dass er überall ankommt und von allen akzeptiert wird. Diese Verschiebung ist bis heute im Gange.*

Viele Probleme entstehen seiner Meinung nach deshalb, weil Trainer sich beliebt machen wollen und deshalb nicht bei ihrer ursprünglichen Konsequenz bleiben, Entscheidungen fällen wollen, dann doch zurückrudern und somit in den Augen der Spieler „entmachtet" werden. Bei seinen Trainern Ernst Happel oder Branko Zebec war das Gegenteil der Fall. Ihnen war das, was die Spieler über sie dachten, letztlich egal. Deshalb sprachen sie auch wenig. Autoritäten müssen sich nicht ständig erklären. Von Happel schaute sich Magath ab, auch mal weniger zu sagen. ***Happel wie auch Zebec waren schlecht zu verstehen. Da habe ich die Erfahrung mitgenommen, dass es für diese Trainer ein Vorteil war, dass sich die Spieler konzentrieren mussten, wenn sie was sagten. Und sie haben nicht viel gesagt. Doch wenn sie was sagten, musste man höllisch aufpassen, um mitzubekommen, was sie meinten. Und man musste auch überlegen, was der Trainer denn gemeint haben könnte. Man hat sich einfach damit beschäftigt, was der Trainer gesagt hat. Ich glaube, wenn viel geredet wird, verwässert sich das. Das Kriterium ist nicht, wie viel jemand redet, sondern was er sagt***, stellt Magath fest.

Autoritäten können sich erlauben, die Leute ein wenig im Dunkeln zu lassen, doch Respekt alleine ist keine Garantie für Erfolg. Er kann immer nur ein wichtiges Puzzleteil sein. Menschen, die das nicht einsehen, laufen große Gefahr, dass ihnen ihre Macht zu Kopf steigt. Denn haben Menschen zu viel Macht, schaffen sie es oftmals nicht, das richtige Maß zu halten. Sie werden beratungsresistent, haben Attitüden eines Alleinherrschers und verlieren ihre Leute durch blinde Machtausübung. Der richtige Einsatz der Macht, der den Menschen nicht aus den Augen verliert, sollte deshalb immer die Prämisse sein.

DIE DREIERKETTE FÜR
MACHT

LEITSATZ

Es braucht die volle Rückendeckung des Systems,
um von seinen Leuten respektiert zu werden
und Veränderungen vorzunehmen.

DAS KÖNNEN FÜHRUNGSKRÄFTE VON ERFOLGREICHEN TRAINERN LERNEN

Bevor es zu einschneidenden Veränderungen kommt, ist es wichtig, sich das Einverständnis seiner Chefs einzuholen. Wenn man verantwortlich für Ergebnisse ist, sollte man auch den größten Einfluss haben. Wer anderen das Gefühl vermittelt, er könne Dinge in der Welt verändern, stärkt seine Autorität.

DREI GUTE FRAGEN

Habe ich genügend Handlungsspielraum,
um Entscheidungen durchzusetzen?
Was braucht es, um ranghöhere Kritiker von
meinem Weg zu überzeugen?
Gebe ich selbst genügend Macht an meine
Mitarbeitenden ab?

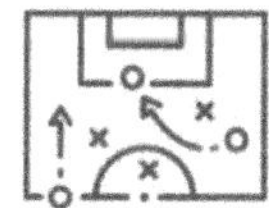

2
LIEBE

Man kennt das: Es gibt einen neuen Chef, eine neue Abteilungsleiterin oder eben auch einen neuen Trainer, der ab sofort die Richtung vorgibt. Was passiert in all diesen Fällen? Wir taxieren, wir beobachten, wir analysieren: Wir wollen wissen, was wir von dem oder der Neuen erwarten können. Es ist eine gewisse Unsicherheit da und die Antennen sind ausgefahren. Natürlich hören wir vor allem das, was gesagt wird, aber noch mehr achten wir darauf, was derjenige oder diejenige ausstrahlt. Wir wissen ja nicht viel, also versuchen wir wahrzunehmen: Schaut er freundlich? Lächelt sie? Wirkt er souverän? Droht Gefahr? Dürfen wir aus den Signalen auf Wohlwollen und gute Absichten schließen? Wird der Neue seine Machtposition zu unseren Gunsten einsetzen?

Stellen wir uns nun vor, dass der oder die Neue eine absolut freundliche und wohlwollende Ausstrahlung besitzt. Wofür sorgt das? Was trauen wir der neuen Führungskraft zu? Was verbinden wir mit einem Menschen, der warmherzig wirkt und freundlich schaut? Wir schreiben einem solchen Menschen normalerweise positive Wesenszüge zu, wie Altruismus, Gerechtigkeit, Empathie oder Fürsorge. Diese Einschätzung hat wiederum einen großen Effekt auf uns. Denn wir sind solchen Menschen gegenüber viel offener und verbindlicher, haben weniger Bedenken, ihnen zu folgen, und fühlen uns grundsätzlich wohl in ihrer Nähe.

Wer Jürgen Klopp einmal begegnet ist, weiß, wovon ich rede. Der Liverpool-Trainer hat das „Ich gebe dir ein gutes Gefühl"-Gen. Klopps Ausstrahlung zieht viele in den Bann. Und das gelingt ihm nicht nur mit dem, was er sagt, sondern vor allem, wie er Dinge sagt. Es sind zunächst seine Mimik und Gestik, die für die besondere Ausstrahlung sorgen. Das ist nicht verwunderlich. Wir vergessen gerne mal, dass die nonverbalen Signale von uns Menschen viel intensiver wahrgenommen werden als das, was gesagt wird. Kommunikation ist immer auch nichtsprachlich. – Dieser Grundsatz aus Paul Watzlawicks Kommunikationstheorie gilt auch hier. Der Ursprung dafür liegt weit zurück. Menschen mussten früh in der Evolutionsgeschichte darauf achten, woher Gefahr drohen konnte, und deshalb galt es, besonders auf körperliche wie mimische Signale zu achten, damit man nicht in eine Falle lief und Gefahren vermied. Auch war die Sprache am Anfang der Menschengeschichte nur rudimentär ausgebildet, sodass viel mehr über die Körpersprache mitgeteilt wurde. Das heißt: Die körperlichen Signale sind viel älter als die verbalen. Und deshalb ist es auch heute noch so, dass die nonverbalen Botschaften stärker wirken als Worte. Wir Menschen sind gut darin, die Signale nach ihrer Echtheit zu überprüfen. Und bei Jürgen Klopp hat es sich – zumindest für mich – immer unglaublich echt angefühlt. Da war nie etwas Aufgesetztes, Gespieltes. Klopp interessiert sich wirklich für die Menschen. ***Das ist die Nummer eins meiner Charaktereigenschaften: Ich bin neugierig und an Menschen um mich herum interessiert. Es ist ein Anspruch von mir an mich selber, menschlich zu sein,***[62] sagt der Trainer über sich. Diese Menschlichkeit ist bis heute ein wichtiger Baustein für die hohe Sympathie, die Jürgen Klopp erfährt. Wenn er jemandem gegenübersteht, kann er sich für einen Moment ganz auf diese Person einlassen – egal, was in diesem Augenblick in seinem Kopf vorgeht. Und dieses „Sich-Widmen", wie ich es mal ausdrücken will, hat eine unglaublich fesselnde Wirkung. Man fühlt sich im gleichen Moment gut.

Aber lasst mich an dieser Stelle durchaus noch mal beschreiben, was dieses „gut" eigentlich bedeutet. Wenn du Jürgen Klopp triffst, hast du ganz oft das Gefühl, wichtig zu sein. Er hat eine Zugewandtheit, die seinen Gesprächspartnern häufig das Gefühl gibt, dass es in diesem Moment nichts Schöneres und Wichtigeres gibt, als mit ihnen zusammen zu sein. Und diese Wärme ist es, die Menschen zu Anführern machen kann. Sie erreichen die Herzen der Menschen, nicht nur deren Köpfe.

Ich habe Klopp nie anders erlebt. Ich kenne ihn seit den 1990er-Jahren. Damals liefen wir uns als Spieler auf irgendwelchen Plätzen des Rhein-Main-Gebiets über den Weg. Mit der Ernennung zum Trainer von Mainz 05 2003 fand sein Wesen die Kanäle, um das nach außen zu kehren, was bereits in ihm angelegt war: Der Drang, mit Menschen in Verbindung zu treten, sie zu gewinnen. Wenn ich an Jürgen Klopp denke, denke ich immer an den Ausspruch: The boss has a title, the leader has the people.

Klopp konnte schon immer Menschen um sich scharen. Aber da ist zunächst einmal nicht wirklich Liebe. Die mag später kommen. Vor allem ist da erst mal ganz viel, eine beinahe kindliche Offenheit. Aber wie werden wir denn alle groß? Als Kinder legen wir eine enorme Offenheit an den Tag. Kinder sind meist neugierig, kommunikativ, interessiert, kontaktfreudig und auch ehrlich. Wunderbare Attribute, die in einer späteren Führungsrolle als absolut gewinnbringend und sympathisch eingeschätzt werden. Aber häufig geht das bei Menschen auf dem Weg zum Erwachsensein verloren, weil der Mut zu Offenheit oftmals leider nicht belohnt wird und die Risiken danach als zu hoch eingeschätzt werden. Mit jedem Misserfolg nehmen die Selbstsicherheit und damit die Sicherheit für eine solch offene Haltung ab. Gut für die, die in einer solchen Offenheit bestärkt werden.

So wie es bei Klopp geschah. Bei ihm überwogen massiv die positiven Erfahrungen, wie er mir erzählte. Und diese sorgten dafür, dass er heute dieses Grundvertrauen in sich trägt, um derart offen auf Menschen zugehen zu können. ***Ich war definitiv der Prinz zu Hause***, sagte Klopp. ***Sie warteten alle auf einen***

Sohn und dann kam der auch noch. So bin ich dann auch behandelt worden. Dass daraus kein Riesenarschloch geworden ist, ist verschiedenen Dingen geschuldet. Mein Vater war an den Wochenenden zu Hause und wollte mich spüren. Wir haben Samstagmorgen trainiert, Wettrennen veranstaltet. Unter der Woche wurde ich verwöhnt, ich war dazu noch ganz gut in der Schule, konnte kicken. Das heißt, die Welt war für mich ein Ponyhof. Ich bin mit Liebe überschüttet worden. Das ist das Urvertrauen, was ich in mir trage.

Und so tritt Jürgen Klopp auch auf. Ohne Scheu versucht er, sich Verbündete zu machen, egal, wo er auftaucht. Sein eigener Auftrag: Mit Menschen in Verbindung treten und sie für sich und seine Sache zu gewinnen. ***Wenn ich in einen Raum komme, will ich nicht, dass die Temperatur fällt. Warum soll das denn auch so sein? Wer bin ich denn, dass ich so wichtig bin, dass andere sich schlechter fühlen? Also Nummer eins: Wenn ich irgendwo reinkomme, sollen sich die Menschen nicht schlechter fühlen. Und wenn ich die Chance habe, dass sich alle ein wenig besser fühlen, dann ja, großartig, nichts wie ran! Mir ist meine Rolle bewusst, die ich im Leben spielen möchte, nämlich eher ein positiver Verstärker zu sein als ein negativer. Und damit meine eigenen Probleme nicht zur Schau zu tragen, aber das habe ich noch nie getan.***

Mir gefiel diese Bezeichnung sofort, als ich mit Klopp den LEADERTALK-Podcast aufnahm – „positiver Verstärker": Darin steckt viel von dem drin, was Klopp zu diesem bemerkenswerten Sender von Wärme und Empathie macht. Er hat das Ziel, die Dinge, die in einem Menschen positiv angelegt sind, wachsen zu lassen, zu steigern. Jürgen Klopp mag Menschen. Er erreicht schneller und besser als andere die Herzen seiner Mitmenschen. Es ist dieses Mitgefühl, diese Liebe für seine Spieler, die Klopp zu einem ganz besonderen Trainer machen. Und tatsächlich ist es so – so glaube ich –, dass man ohne dieses Mitgefühl kaum zu einer guten Führungsperson taugen kann. Es sollte also das Ziel jeder Führungskraft sein, die ein Team leitet, zu einem positiven Sender – einem positiven Verstärker – zu werden.

Was braucht es dafür? David Goleman, US-amerikanischer klinischer Psychologe und Wissenschaftsjournalist, schrieb 1995 sein wegweisendes Buch Emotionale Intelligenz, das die Wichtigkeit von emotionalen Kompetenzen für Führungskräfte herausstellte: Studien zeigen heute übereinstimmend, dass emotional intelligente Führungskräfte die Effektivität von Teams steigern, für eine bessere Leistungsfähigkeit der Mitarbeitenden sorgen, die zwischenmenschlichen Beziehungen fördern und die Kommunikation steigern. Emotion schlägt Wissen. Das ist keine These mehr, sondern Gewissheit.

Grundsätzlich geht es bei der emotionalen Intelligenz darum, die eigenen Gefühle und auch die von anderen zu verstehen. Ist man dazu in der Lage, kann man andere viel besser dazu bringen, das zu tun, was man möchte. Zentraler Baustein davon ist eine empathische Haltung, das heißt die Fähigkeit, sich in andere hineinzuversetzen, ihre Gefühle wahrzunehmen und adäquat damit umzugehen. Doch was braucht es für diese Fähigkeit? Goleman beschreibt, dass Menschen zunächst einmal für ihre eigenen Gefühle offen sein müssen, um im zweiten Schritt die Gefühle anderer gut wahrnehmen zu können. Ich muss mir vertrauen, mich gut kennen, um anderen gegenüber offen und warmherzig zu sein. Es braucht also Vertrauen in sich selbst, um eine grundsätzliche Liebe in die Welt zu tragen.[63]

Vielleicht ist für einige das Wort „Liebe“ an dieser Stelle im Kontext des Führungsverständnisses zu blumig. Doch Norbert Elgert, der legendäre Talenteförderer auf Schalke, hat ganz gut umschrieben, worum es geht: ***Der Begriff Liebe muss nur richtig verstanden werden als Wertschätzen und Mögen.***[64] Auch für ihn ist die Haltung, die damit verbunden ist, essenziell für ein erfolgreiches Führen. ***Die Spieler merken, ob du sie magst, ob***

du sie wertschätzt. Wenn du das nicht tust, wirst du sie nicht erreichen. Und wenn du sie nicht erreichst, kannst du deinem Auftrag auch nicht nachkommen. Egal ob in der Familie, in einer Fußballmannschaft oder im Unternehmenskontext: Der Schlüssel für ein erfolgreiches Miteinander liegt in der Fähigkeit, auf andere zuzugehen, sich für sie zu interessieren und dank einer grundsätzlichen Wertschätzung für Wohlwollen zu sorgen. Und dafür braucht es Menschenliebe.

EMPATHIE

„Die Sprache der Spieler wirst du nur dann sprechen, wenn du gelernt hast zuzuhören, wenn du gelernt hast aufzunehmen, was die Spieler eigentlich bewegt."

CHRISTOPH DAUM

Im Dezember 2005 entließ der FC Schalke 04 seinen damaligen Trainer Ralf Rangnick, auf Rang 4, nach einem 1:0-Heimsieg gegen Mainz 05. Manager Rudi Assauer hatte den Daumen gesenkt. Die beiden Macher konnten nicht wirklich miteinander. Frank Rost übernahm interimsweise, doch auf Schalke spekulierte man mit Matthias Sammer, Ottmar Hitzfeld oder auch Ex-Trainer Huub Stevens als Nachfolger. Es wurde dann sehr überraschend Mirko Slomka, bisheriger Assistent von Rangnick, der bis dahin nur beim Regionalligisten Tennis Borussia Berlin für wenige Monate mal eine Mannschaft geführt hatte. Mirko Slomka erzählte mir, wie es Anfang Januar 2006 dazu kam: *Ich wusste von nichts. Ich kam nach Mitternacht in Gelsenkirchen zu Hause an, nach einem langen Stau auf der A2.* Da klingelte sein Telefon auf einmal. *Ich wurde gefragt, ob ich mir vorstellen kann, die Rolle als Cheftrainer zu übernehmen. Ich hatte nullkommanull damit gerechnet und mich auch nullkommanull darauf vorbereitet. Dann habe ich versucht, mir in der Nacht zu überlegen: Wie machst du deine erste Ansprache? Wie sieht das erste Training aus? Wie gehst du auf die Spieler zu?*[65]

Diese Situation kennen sicher einige von uns: Und plötzlich bist du Führungskraft! Gerade noch normaler Angestellter, und auf einmal schaut alles auf dich und auf das, was du tust. Konnte man sich bis dahin immer noch hinter dem Chef und seinen Entscheidungen verschanzen, steht man plötzlich im Rampenlicht. Es gibt wenig, was einen auf diese Rolle vorbereitet. Woher soll man wissen, was der eigene Führungsstil ist, wenn man das noch nie ausprobiert hat? Sicher hat man die Beispiele von eigenen Vorgesetzten vor Augen, aber man will ja auch niemanden kopieren. Und dann steht man da und fängt an, sich Gedanken zu machen. Führung bringt einem niemand bei. Das ist immer noch traurige Wahrheit – trotz aller Talentprogramme. Denn Flipcharts ersetzen keinen Führungsalltag.

Die Schalker Mannschaft konnte sich damals sehen lassen und war mit Stars wie Kevin Kuranyi, Ebbe Sand, Gerald Asamoah, Rafinha, Lincoln oder Marcelo Bordon nur so gespickt. ***Ich hätte mir damals gewünscht und würde es mir auch heute wünschen, dass es einen Führerschein „Menschenkenntnis" gibt. Den gibt es aber leider nicht. Wie schaffe ich das, all diese Typen zusammenzubringen, Verständnis aufzubringen für die Eigenarten und tolerant zu sein? Das war manchmal kompliziert,*** räumt Slomka mit verblüffender Offenheit ein. Für ihn gab es aber einen klaren Weg, um die Spieler für sich zu gewinnen: Wertschätzung, Anerkennung und Zuhören. ***Das sind für mich die größten Drogen***, sagt der Trainer, der mittlerweile als Experte für den TV-Sender Sky arbeitet.

Für ihn war klar: Will ich ein erfolgreicher Leader sein, muss ich meine Spieler noch mehr verstehen, muss noch mehr von ihnen erfahren und näher an sie heranrücken. Mit dem Brasilianer Lincoln hatte Slomka einen spielfreudigen Zehner im Team. ***Ein toller Mensch mit großer Ausstrahlung,*** wie Slomka betont, ***aber wenn es im Training einen Stressmoment gab, dann war er schwer zu halten.*** Irgendwann kam zu einem Vorfall im Training, bei dem der Coach den Brasilianer in die Schranken weisen musste. *Ich musste mir überlegen, wie ich es schaffe, diesen Spieler wieder einzufangen. Ich habe dann festgestellt: Es geht nicht anders, ich muss kommunizieren. Ich habe mir gesagt, ich fahre lieber zu ihm nach Hause, regele das und spreche das gleich mit ihm an. Ich wollte das für den nächsten Trainingstag als erledigt wissen.* Slomka fuhr zu Lincoln nach Hause und klingelte. Lincoln öffnete die Tür. *Nachdem er gesehen hat, dass ich an der Tür stehe, war es im Grunde schon erledigt. Ich hätte gleich wieder gehen können,* so Slomka. Der Spieler hatte aufgrund des Trainingsvorfalls an der Wertschätzung des Trainers gezweifelt. Er fühlte sich aus irgendeinem Grund missachtet. Dem Trainer war es nicht egal, wie es seinem Spieler ging und machte sich deshalb am Abend eigens dafür auf den Weg, um nach ihm zu schauen. Wertschätzung pur. Slomka war daran interessiert, das Verhältnis nach dem Vorfall wieder zu kitten. Er konnte sich vorstellen, wie es in dem Brasilianer aussah und er wusste, dass Lincolns Zustand weder dem Spieler noch der Mannschaft weiterhelfen würde.

Egal, wo man eine Führungsrolle ausübt: Es ist essenziell zu signalisieren, dass man sich für seine Mitarbeitenden und Teammitglieder interessiert. Wie mag es dem anderen ergehen? Wie fühlt er sich? Was treibt ihn um? *Heute müssen wir als Trainer viel mehr Kompetenzen entwickeln, die auf das Miteinander abzielen,* sagt Mirko Slomka. *Auf der einen Seite braucht man das fachliche Wissen, um eine Mannschaft zu überzeugen, und Punkte zu machen. Auf der anderen Seite wissen wir alle, dass Empathie aktuell in jeder Leadership-Stelle elementar ist und der Befehlston sicherlich keine Rolle mehr spielt.*

„Keine Rolle“ mag nicht ganz zutreffend sein, aber dass der Befehlston als alleiniges Instrument der Führung ausreicht, ist tatsächlich schon lange überholt. Viele Führungskräfte von heute denken aber nach wie vor, dass für das Führen vor allem das Sprechen und Anleiten, das fachliche Wissen oder auch das Vorgeben wichtig seien. Ich bin da anderer Meinung. Wenn wir wie Silvia Neid sagen: ***Empathie ist das A und O. Es ist wichtig, zu spüren, wie es den Spielerinnenn geht,***[66] und davon wirklich überzeugt sind, dann kommt es vor allem auf eines an: das Zuhören. Ich glaube, dass viel zu viele Trainer als auch Führungskräfte das richtige Zuhören, also das „aktive Zuhören", vernachlässigen. Darunter versteht man, dass man sich voll und ganz auf sein Gegenüber einlässt, ihm durch bejahende Laute und Nicken signalisiert, dass man ihm folgt, dass man das Gesagte durch Wiederholungen und Paraphrasieren zusammenfasst und man mit gezielten Fragen nachhakt. Wirklich zuhören, was andere zu sagen haben, ist eine der wichtigsten Grundlagen für eine empathische Haltung.

Wie will ich mich denn sonst in den anderen hineinversetzen, wenn ich nicht weiß, was in ihm vorgeht? Christoph Daum sagt: ***Die Sprache der Spieler wirst du nur dann sprechen, wenn du gelernt hast zuzuhören, wenn du gelernt hast aufzunehmen, was die Spieler eigentlich bewegt.***[67]

Zuhören ermöglicht Empathie. Wenn Menschen bereit sind, Sorgen, Meinungen und Bedürfnisse mit mir zu teilen, kann ich darauf eingehen, was automatisch das Gefühl der Wertschätzung vermittelt. Ist die gegeben, gestaltet sich die Zusammenarbeit erfolgreicher. In einem solchen Arbeitsklima arbeiten Menschen lieber und sind auch bereit, mehr zu leisten. Logisch, findet auch Thomas Letsch: ***Wenn du das Gefühl hast, du bist wichtig für eine Sache, dann machst du deinen Job mit viel mehr Freude, dann gehst du anders an die Aufgabe ran und in deiner Funktion als Cheftrainer kannst du da sehr, sehr viel leisten. Manchmal ist es eine Tasse Kaffee mit einem Mitarbeiter, manchmal ist es einfach ein Small Talk, manchmal ist es ein ausführlicheres Gespräch. Man muss sich die Zeit nehmen, denn jeder möchte ein Stückchen abhaben.***[68]

Auch für Ralf Rangnick ist es diese Haltung, die Menschen zu Leadern macht. ***Am Ende geht es darum, jedem Mitarbeiter, egal ob er auf der Geschäftsstelle arbeitet oder im Trainerstab, aber auch jedem Spieler das Gefühl zu geben, dass er eben mehr ist als das fünfte Rad am Wagen. Wenn du Mitarbeiter haben möchtest, die mehr als Dienst nach Vorschrift machen, die sich mit aller Hingabe identifizieren, dann musst du sie auch so behandeln, dann musst du ihnen diesen Respekt und diese Wichtigkeit im Tagesgeschäft vermitteln.***[69] Mit dieser Strategie ist Rangnick bisher jedenfalls ganz gut gefahren.

Es braucht also vor allem Gespräche, damit andere sich öffnen können und auch Dinge von sich preisgeben, die eher vertraulich sind. ***Wenn du einen Menschen nicht erreichst, dann wirst du ihn nicht öffnen. Und wenn er sich nicht öffnet, dann kannst du auch nichts hineinfließen lassen***, sagt Norbert Elgert. ***Das ist dann wie ein Gefäß, das verschlossen ist.***[70]

In meinen Workshops gibt es zum Start des Tages stets einen sogenannten Check-in. Man stellt Fragen in die Runde, wie zum Beispiel: Wenn das Wetter deine aktuelle Stimmung wiedergeben würde: Wie wäre es? Oder: Auf einer Skala von 0 bis 10: Wie sehr freust du dich, wie sehr hast du Respekt vor dem anstehenden Tag? Es geht darum, die Teilnehmenden zu hören, ihnen die Möglichkeit zu geben, in dem neuen Rahmen anzukommen, aber auch ein Stimmungsbild abzufragen. Wichtige Informationen, weil ich dann gegebenenfalls darauf eingehen kann und Störpunkte direkt thematisiere und den Teilnehmern sofort das Gefühl gebe, dass sie mir wichtig sind. Ich habe noch keinen Workshop erlebt, bei dem sich die Gruppe danach nicht besser gefühlt hätte. Das Bedürfnis nach Wahrnehmung und Ausdruck ist immer wieder aufs Neue attraktiv.

Oliver Glasner nutzte eine ähnliche Form der Begrüßung während seiner Zeit in Frankfurt. Letztlich ging es ihm dabei auch um Informationsbeschaffung. Er wollte täglich wissen:

Wie geht es meinen Spielern? Worauf muss ich eventuell achten? Er gab seinen Spielern jeden Tag am Morgen einen Fragebogen mit vier Fragen, den sie ausfüllen mussten. Eine Frage war: Welchem Stress fühlst du dich ausgesetzt? Die anderen fragten danach, wie gut der Schlaf gewesen sei, wie bereit sie sich fühlten und wie sie ihre Muskulatur einschätzten. Seine Erfahrung: ***Wir hatten einen Spieler nicht für den Europa-League-Kader nominiert. Klar hat er bei Stress eine Sechs eingetragen, weil ihn das beschäftigt und ihm zugesetzt hat. Das freute mich dann, dass die Jungs das so ehrlich beantworten. Und natürlich haben wir uns dann über dieses Thema gemeinsam ausgetauscht.***[71]

Eine der wichtigsten Aufgaben als Führender ist es, mit offenen Augen und Ohren herumzulaufen. Mitzubekommen, was los ist, und mit den Menschen so häufig, wie es geht, in Kontakt zu kommen. Das findet auch Markus Gisdol: ***Beziehung ist alles. Wenn ich mit dem Spieler unter vier Augen spreche, dann bin ich nicht der Trainer, sondern der Mensch. Da bin ich vielleicht auch für den einen oder anderen auch mal die Vaterfigur und will ihm dann auch die Chance geben, sich bei mir anzulehnen. Genauso möchte ich alles wissen. Ziehen die gerade um? Macht er seinen Führerschein? Hat er privat Probleme? Weiß ich das, dann kann ich einschätzen, warum er im Training nicht so gut drauf war.***[72]

Was Führungskräfte oft vergessen: Es geht manchmal gar nicht um lange Gespräche, manchmal reichen schon fünf Minuten, um mit Mitarbeitenden ein kurzes Gespräch über deren Wohlbefinden zu führen. Was tunlichst vermieden werden muss, sind eine aufgesetzte Haltung, Oberflächlichkeit und Zeitstress. Wenn es gerade nicht passt, dann ist es besser, lieber auf den richtigen Moment für den kurzen Talk zu warten, alles andere ist kontraproduktiv.

An dieser Stelle will ich auf die enorme Bedeutung von Beziehungsarbeit in Teamkonstruktionen eingehen. Innerhalb von

Gruppen und Teams laufen ständig hierarchiebildende Prozesse. Dieser Fakt ist keine Weltneuheit, sondern allgemein bekannt. Für den Einzelnen ist es essenziell zu wissen, wo er oder sie sich im Gesamtgefüge einordnen darf. Das wird ständig neu überprüft und ist im Grunde ein eigenes Programm, das im Hintergrund geladen wird, teilweise völlig unbewusst. Menschen ordnen sich ständig in einer Gruppe ein in Bezug auf ihren Rang und ihre Wichtigkeit. Ständig werden neue Informationen in das Hierarchieprogramm geladen und der Prozess neu gestartet: die Gehaltserhöhung für den Kollegen, das besondere Projekt, das man endlich bekommen hat, ein Lob der Teamleitung, ein Lächeln des Chefs oder die Nichteinladung zur Geburtstagsparty einer Kollegin usw. All dieser Input wird gebraucht, um die eigene Position zu überprüfen. Denn nichts ist schlimmer, als festzustellen, dass man innerhalb einer Gruppe am unteren Ende der Rangfolge steht.

Der IT-Spezialist, der in einer Abteilung jedermanns Liebling ist, weil ihn jeder braucht, muss sich keine Sorgen machen. Aufgrund seiner Rolle ist er besonders. Und auch wenn er keinen Titel trägt, kein Gruppenleiter ist oder nicht mehr verdient als alle anderen, seine Rolle verleiht ihm einen zufriedenstellenden Platz in der Hierarchie. Andere haben diese spezielle Rolle vielleicht nicht. Sie sind vielmehr auf Rückmeldungen von „oben" angewiesen: Wie sieht mich mein Chef, meine Abteilungsleiterin? Mache ich meine Arbeit besonders? Bin ich wichtig genug, wichtiger als andere? Und an diesem Punkt setzt Beziehungsarbeit an, hier wird sie notwendig. Denn nicht immer können Führende mit neuen, tollen Positionen um sich werfen oder Gehaltserhöhungen verteilen. Daher kommt es im täglichen Tun ganz besonders auf die Beziehungsqualität an und was die Führungskraft tut, um diese zu verbessern, Stichwort „weiche" Faktoren: Aufmerksamkeit, Lob, Wertschätzung, Atmosphäre. Jede Aussage beinhaltet auch die Botschaft, wie man zu der angesprochenen Person steht, was man von ihr hält. Ein Geschäftsführer aus dem Geschäftsbereich der Digitalen Transformation erzählte mir mal, dass er mit einem kleinen Büchlein durch sein Unternehmen läuft und jedes Mal einen Vermerk notiert, wenn er jemanden lobt. Er erlaubt sich erst einen kritischen Satz, wenn er vorher siebenmal etwas Positives geäußert hat. So will er sicherstellen, dass die Beziehungsebene positiv geprägt ist. Er ist der Meinung, dass positiver Umgang viel zu wenig ge- und erlebt wird. Ich bin auch dieser Meinung: Wenn es etwas zu loben gibt, dann sollte man das auch ausführlich und bewusst tun. Dadurch steigert man die Motivation der Mitarbeitenden und stärkt die Beziehungsebene, sodass die Mitarbeitenden viel besser mit negativem Feedback umgehen können und daraus sogar neue Motivation ziehen.

Thomas Schaaf, Erfolgscoach von Werder Bremen, bringt es auf den Punkt: ***Wenn ich in ein Gespräch reingehe und der andere hat nur das Gefühl, ich will ihm was Böses, dann brauche ich nicht in dieses Gespräch gehen.*** Was braucht es also? Schaaf erklärt: ***Ich muss erst mal eine Ebene schaffen, dass man verdeutlicht, ich muss dich jetzt kritisieren, ich muss dich bewerten, aber das ist prinzipiell dafür gedacht, dass es dir besser geht.***[73] Gerade in seiner Funktion als Akademieleiter vom Bremen hat Schaaf, der als Trainer mit Bremen 2004 die Deutsche Meisterschaft gewann, prima Erfahrungen gesammelt. ***In der Akademie führten wir viele Gespräche. Doch bevor wir überhaupt über das Fußballerische sprachen, habe ich immer gefragt: „Wie geht es dir eigentlich?“ Die erste Antwort war: „Ja, meine Leistung … “ Und ich sagte: „Neee, ich will mit dir gar nicht über Fußball reden, sondern ich will dich erst mal als Mensch wahrnehmen. Wie geht es dir? Wie fühlst du dich?“*** Ein perfekter Einstieg, um dem anderen klarzumachen: Du bist mir als Mensch wichtig.

Beherrsche ich das Spiel auf der Beziehungsebene, brauche ich auch gar nicht so viele externe Mittel, um meine Mitarbeitenden zu motivieren. Wie drückt es Elgert treffend aus: *Um Spiele zu gewinnen, muss man vorher das Beziehungsspiel gewinnen. Dazu braucht es viel Zuneigung, Liebe, Respekt und Wertschätzung. Vor allem ganz wichtig: Empathie. Sich in seine Spieler hineinversetzen können, sich in sie hineinfühlen, um sie besser zu verstehen. Das ist der wichtigste Punkt, den ein Trainer braucht.*[74]

Und einer, der das bestens beherrscht, ist Jürgen Klopp: *Darum war ich so lange in den Vereinen, weil ich eine Beziehung zu den Spielern aufbaue. Ich möchte mit den Leuten, mit denen ich zusammenarbeite, eine Beziehung haben, ein Verhältnis.*[75] Das Fazit seiner Arbeit: *Es gibt zigtausend Trainer, die viel erfolgreicher waren als ich. Die sammeln Titel und ich sammle Beziehungen.* Das fängt für ihn bereits mit dem Kennenlernen an. *Man schaut dem Spieler in die Augen, spricht viel über Familie, erfährt, woher er kommt und warum er Dinge so macht, wie er sie macht. Wir haben ja alle unterschiedliche Dinge, die uns motivieren. Geld ist keine schlechte Motivation, vor allem im Sport nicht. Aber ich muss wissen, was ihn antreibt. Dann kann ich damit umgehen und ihn dementsprechend behandeln. Denn darum geht's. Ich kann ja nicht jeden Menschen gleich behandeln. Das funktioniert nicht.*

Verstehe ich, wie der andere tickt, kann ich ihn anders, individueller packen, seine Motivation steigern, weil ich weiß, was ihn antreibt. Auch für Marco Rose ist *Empathie […] eine ganz wichtige Fähigkeit.*[76] Die einfache wie nachvollziehbare Logik: *Jeder Mensch ist anders. Der eine motiviert sich über viele Gespräche mit dem Trainer und braucht dann auch mal Zuspruch. Der andere braucht klare Ansagen. Das Wichtigste ist, dass du erkennst, wen du wie anpacken musst. Dafür musst du dich mit den Jungs auseinandersetzen. Du musst sie kennenlernen. Du musst dich mit ihnen beschäftigen. Das ist eine große wichtige Aufgabe, die auch Energie kostet. Das zahlt sich am Ende aber immer aus.*

Studien[77] zeigen, dass Mitarbeitende in einem Umfeld, wo sie es mit empathischen Chefs zu tun haben, engagierter ihre Arbeit machen, ihrem Arbeitgeber länger treu bleiben, offener für Innovation sind und besser mit Stress umgehen können. Doch die Herausforderung, die Rose anspricht, kennen auch viele andere Führungskräfte, nämlich im beruflichen Alltag immer wieder zu erkennen und zu fühlen, dass da jemand Zugewandtheit und eine empathische Haltung braucht, keinen Druck. Robin Dutt: *Man muss sich als Trainer bewusst sein, dass man manchmal minütlich eine andere Rolle einnimmt. In einem Augenblick bist du noch Trainer, der Vorgesetzte, der Entscheidungen trifft, im nächsten Augenblick musst du fast schon Freund sein. Dann musst du Vater sein. Du musst ganz viele Rollen einehmen, weil du nicht nur den Spieler im sportlichen Bereich ansprichst, sondern auch wissen musst, wie es menschlich um ihn aussieht, um seine Leistungen auf dem Platz beurteilen zu können.*[78]

Auch das gibt es: Viele Führungskräfte vermeiden es, sich ihren Mitarbeitenden empathisch zu nähern. Sie haben die Befürchtung, sich angreifbar zu machen, indem sie sich auf einer persönlichen Ebene mit dem in der Hierarchie unter ihnen stehenden Angestellten beschäftigen. Die Angst dahinter: Einmal nett gewesen, kann man später niemanden mehr hart kritisieren, wenn etwas schiefgegangen ist. Man verliert an Autorität. In meinen Augen ist diese Angst unbegründet. Diesen Spagat zu wagen und zu meistern gehört zur Aufgabe einer guten Führungskraft. Ralf Rangnick ist auch dieser Meinung: *Das ist ja das eigentlich Spannende an der Aufgabe eines Cheftrainers: Dass du nah dran sein musst an deinen Spielern, dass du wirklich den Puls der Mannschaft spüren musst, aber auch immer wieder in der Lage sein musst, aus der Gruppe heraus-*

zutreten und sie von außen betrachtest und dir klarmachst, was geht und was nicht geht.[79]

Mitarbeitende können meist zwischen den verschiedenen Rollen ihrer Vorgesetzten unterscheiden, aber es gehört seitens der Führungskraft auch ein Bewusstsein dazu zu wissen, welchen Hut man gerade aufhat. Je mehr man als Führender in einer Situation, in der man den direktiven Hut aufsetzen möchte, „herumeiert" und die Dinge nicht klar formuliert, desto weniger kann der andere damit anfangen. Sich an der einen Stelle für den anderen zu interessieren, heißt nicht, ihn an anderer Stelle nicht kritisieren zu können. Im Gegenteil: Meist können die Mitarbeitenden von empathisch eingestellten Chefs viel besser Kritik annehmen als von rein autoritären Vorgesetzten. *Je besser ich mich mit jemanden verstehe, desto mehr nimmt er Kritik an, desto härter kann ich ihn auch angehen. Aber wenn ich mich mit ihm gar nicht verstehe, dann hört er mir gar nicht erst zu. Diesen Zugang muss ich erst einmal herstellen,*[80] sagt Otto Addo.

Ich glaube fest an die Wichtigkeit von Empathie. Schauen wir uns doch die erfolgreichsten Trainer der Welt an: Die wenigsten gewannen ihre Titel, weil ihre Fachkundigkeit den Ausschlag gab. Trainer wie Carlo Ancelotti, Ottmar Hitzfeld, Jürgen Klopp, Hansi Flick oder Jupp Heynckes, selbst ein José Mourinho – sie alle glänzten bei ihren Erfolgen dank ihrer beeindruckenden Empathie für ihre Spieler. Für Jürgen Klopp ist sie der Schlüssel und er investiert unglaublich viel Energie in die Beziehungsarbeit. *Ich habe die Jungs nie gefragt, was wir im Training machen sollen. Aber es geht darum, wenn ihnen irgendwas nicht gefällt, dann müssen sie das sagen können. Wenn sie sich ungerecht behandelt fühlen, dann müssen sie das sagen können. Ich kann es mit ihnen besprechen und das habe ich all meinen Spielern gesagt seitdem: Ergebnisunabhängig, wir können am Tag vorher 5:0 verloren haben, wenn du am nächsten Tag mit mir über irgendwas Privates sprechen willst, möchte ich, dass du kommst. Das ist natürlich intensiv, aber das fällt mir nicht schwer, weil ich jemand bin, der sich total gern mit Menschen beschäftigt,*[81] sagt Klopp.

Letztlich haben es Trainer gerade in den höchsten Ligen mit topausgebildeten Spielern zu tun. Natürlich geht es auch darum, diese besser zu machen, taktisch und technisch auf ein besseres Niveau zu heben, doch am Ende entscheidet viel mehr über den Erfolg, wie man diese Spieler menschlich packt. Das denkt auch David Wagner: *Ich bin der festen Überzeugung, dass es weniger um die einzelne Übung geht. Da kannst du jeden hinstellen. Es geht mehr um zwischenmenschliche Aspekte, um ein Gefühl für die Gruppe, für die Menschen, für die Charaktere als darum, diese Übung richtig auszuführen. Den absoluten Topspielern brauchst du nicht mehr beizubringen, wie sie den Ball zu stoppen haben, sondern um andere Sachen.*[82]

Gleiches gilt für Führungskräfte und ihre fachlich hoch qualifizierten Mitarbeitenden. Doch gerade angesichts der Generationen, die aktuell in die Ligen und den Arbeitsmarkt drängen, werden die „anderen Sachen“ zunehmend wichtiger. Gerade jüngere Menschen lechzen danach, von ihren Vorgesetzten wahrgenommen zu werden und auf Augenhöhe zu kommunizieren. Sie funktionieren nicht mehr auf Kommando, sondern wollen Erklärungen, brauchen echtes Interesse. Mehr als je zuvor geht es um Beziehung. Helmut Schulte beobachtet aktuell: *Die Profis von heute haben nicht mehr diese Resilienz, diese Widerstandsfähigkeit, Hürden zu überwinden, was früher gang und gäbe war. Heute muss man eine empathische Person sein, die konstant dazulernt, die selbst auch zum Lernen anregt, Ideen von Spielern teilweise auch fördert und die Bedürfnisse der Spieler und Mitarbeiter im Blick hat. Wenn man so agiert, dann ist die Erfolgswahrscheinlichkeit größer.*[83]

Doch das ist anstrengend, schließlich hat ein Trainer heutzutage viel mehr Aufgaben, als das früher der Fall war: Spielbeobachtung, Videoanalysen, Betreuung des Trainerstabs, Trainingsvorbereitung, Medienarbeit etc. Die Aufgaben sind zeitaufwendig und umfangreich und dann auch noch einen Großteil seiner Zeit mit Gesprächen mit den Spielern verbringen? Genau! Einer wie Jupp Heynckes hatte das am Ende seiner Laufbahn im Blut. Doch schon zu Zeiten, als man ihn als strengen, unnachgiebigen Trainer wahrnahm, hatte er diese Seite bereits. Thomas Reis, der unter ihm in Frankfurt spielte, erinnert sich an eine prägende Anekdote: ***Ich war ein junger Spieler ohne Einsatzminute und musste operiert werden. Heynckes war am zweiten Tag bei mir im Krankenhaus. Es hat mich so fasziniert, wie ein solcher Welttrainer mit mir umgegangen ist. Das fand ich sensationell. Das ist 30 Jahre her, aber das ist so im Kopf geblieben, weil es einfach eine besondere Geste war. Deswegen versuche ich auch, wenn ein Spieler verletzt ist, Kontakt zu halten. Das ist meine Art.***[84]

Später beeindruckte Heynckes Horden von Profis und Mitarbeitende mit seiner menschlichen Haltung. Sandro Wagner, einer dieser Ex-Spieler, heute selbst Trainer und seit September 2023 Co-Trainer der deutschen Nationalmannschaft, erzählt von der Zeit beim FC Bayern: Er hatte eine gewisse Aura gehabt, Sozialempathie und hat jeden Mitarbeiter motiviert und glücklich zur Arbeit kommen lassen und ein Strahlen gegeben. Von der Frau, die die Fußnägel machte, bis zu Karl-Heinz Rummenigge und Uli Hoeneß. Jeder war abgeholt. Und das ist nicht leicht an der Säbener Straße. Eine starke Empathie, die nicht im Widerspruch zu einer Autorität steht, das war beeindruckend, wie Jupp Heynckes das geschafft hat.[85]

Viele Trainer scheitern an der Aufgabe, im Arbeitsalltag zu allen einen wertschätzenden, empathischen Umgang zu pflegen. Gute Trainer delegieren deshalb zwar einiges in andere Hände, doch Beziehungsarbeit sollte Kernarbeit sein. Helmut Schulte berichtet aus seiner Zeit und wie er mit Spielern umging, die am Wochenende nicht im Kader waren: *Das gab es nicht, dass ein Spieler nicht im Kader war und ich nicht mit ihm vorher darüber gesprochen habe. Das waren keine schönen Gespräche, aber ich habe es immer gemacht. Ich habe es immer hingekriegt, mich unter vier Augen hinzusetzen und Entscheidungen zu verkünden. Denn: Empathie ist der Schlüssel.*[86]

Dirk Schuster sieht das genauso: *Kommunikation spielt eine ganz große Rolle in der Menschenführung, in der Mitarbeiterführung,* sagt er. *Wir reden mit den Spielern, die davon ausgehen, im Kader zu sein, und sagen ihnen, heute bist du nicht im Kader, das und das sind die Gründe, zeig uns in der nächsten Trainingswoche, dass wir falsch liegen.* Er selbst kennt das noch anders. *Als ich selber Spieler war, hat Winnie Schäfer [der Schuster beim Karlsruher SC trainierte] einen Zettel im Massageraum aufgehängt und hat dem Physio gesagt: Häng das auf, da kann jeder draufschauen, ob er im Kader ist oder nicht.*“[87]

Heutzutage ist das undenkbar. Doch auch früher gab es Trainer, die ihre Teams sehr empathisch führten. Beispiel Otto Rehhagel. Einer seiner Spieler war Benno Möhlmann: *Ich habe auch versucht, dass der Austausch mit den Ersatz- und Nachwuchsspielern auf dem gleichen Level stattfindet wie mit den Stammspielern. Das habe ich bei Otto Rehhagel kennengelernt. Auch wenn jemand im Moment nicht spielt, ist er als Mensch unantastbar und genauso wichtig und wertvoll wie die, die spielen. Das war so bei Otto und so war es auch die ganze Zeit für mich gewesen.*[88]

DIE DREIERKETTE FÜR
EMPATHIE

LEITSATZ

Eine Führungskraft muss sich aufrichtig für die Mitarbeitenden interessieren, um dadurch Wertschätzung und Anerkennung zu signalisieren.

DAS KÖNNEN FÜHRUNGSKRÄFTE VON ERFOLGREICHEN TRAINERN LERNEN

Gute Führungskräfte hören vor allem gut zu. Sie nehmen sich Zeit für Gespräche mit ihren Mitarbeitenden und haben keine Angst, dass sie dadurch Autorität einbüßen. Sie wissen, dass sie ohne eine gesunde Beziehungsebene meistens nicht das volle Potenzial der Angestellten nutzen können. Sie fördern stets das Gefühl der Mitarbeitenden, dass sie in der Gruppenhierarchie einen wichtigen Rang einnehmen.

DREI GUTE FRAGEN

Wie gut höre ich wirklich zu, wenn ich mich mit Mitarbeitenden unterhalte?
Nehme ich mir genügend Zeit, um Gespräche zu führen, in denen es nicht um den Job geht?
Nehmen mich meine Mitarbeitenden als eine empathische Person wahr?

POSITIVITÄT

„Misserfolg gehört zum Weg dazu, gehört zum Lernen. Es ist unser Urantrieb, dass wir wahrgenommen werden wollen, dass jemand sagt: Das hast du aber gut gemacht."

OLIVER GLASNER

Lothar Matthäus, Oliver Kahn, Stefan Effenberg und all die anderen Bayernstars kauerten an jenem Maiabend 1999 zu später Stunde zerknirscht, traurig und geschockt in der Kabine des Camp-Nou-Stadions in Barcelona. Gerade hatten sie innerhalb der Nachspielzeit des Champion-League-Finales die größte Trophäe des Vereinsfußballs doch noch aus der Hand geben müssen. Manchester United hatte in nur 102 Sekunden zweimal getroffen und den Bayern sensationell den Henkelpott entrissen. Da saßen also all die niedergeschlagenen Männer. Und was tat Trainer Ottmar Hitzfeld? Er ging in die Kabine und gratulierte den Spielern. *Die Leistung war gut*, erzählte mir Hitzfeld. Seine Analyse: *Es war viel Pech dabei. Der Abpraller, dann der Schuss … Was will man da machen? Das sind Dinge, die kann man nicht verhindern. Da muss man ruhig bleiben. Ich sagte der Mannschaft: „Ihr habt eine sehr gute Leistung gebracht, bis auf die letzten zwei Minuten. Wenn wir diese Leistung weiterhin bringen und als Team zusammenhalten und nicht anfangen, aneinander zu kritisieren, können wir daraus lernen und wachsen, stärker werden. Wir werden irgendwann die Champions League gewinnen." Das waren die Worte, die ich damals der Mannschaft in der Kabine direkt nach dem Spiel sagte.*[89] Genau zwei Jahre später gewann der FC Bayern schließlich die Champions League und nicht wenige sind der Meinung, dass die Saat dafür in jener Nacht in Barcelona in der Kabine gelegt wurde. ***Wenn ich danach nicht mehr die Champions League gewonnen hätte, dann wäre Manchester die Horrornacht geblieben. So war es eine Erfahrung, die wir positiv nutzen mussten***, sagt Hitzfeld.

Damit eine Gruppe nach einem Rückschlag oder in einer schwierigen Situation an sich glaubt, braucht es Leader, die positiv nach vorne schauen. Positives Denken ist eine Grundlage für Erfolg. Gerade in Krisen oder wenn Vorzeichen schlecht stehen, wenn nicht die Ergebnisse eingefahren wurden, die man sich vorgestellt hat, schaut eine Gruppe auf ihre Anführer. Wie agieren sie? Was geben sie vor? Gibt es Platz für Perspektiven?

Die Aufgabe eines Leaders ist es, positive Emotionen zu wecken, den Fokus darauf zu legen, was gut gelaufen ist, worüber man sich freuen darf, wofür man dankbar ist. Frust, Ärger, Missmut hemmen die Leistungsbereitschaft, drücken die Stimmung und schaffen sicher keine Visionen. Sich seiner Vorbildrolle bewusst zu sein und in einer solchen Situation wie dem verlorenen Finale in Barcelona Signale des Aufbruchs zu senden und Optimismus auszustrahlen, zeigt die Leader-Qualitäten von Ottmar Hitzfeld.

Positive Psychologie[90] ist in den letzten Jahren in aller Munde. Die Psychologie hatte lange Zeit weniger Stärken, Lebensfreude oder positive Zukunftsvisionen im Blick. Die neue Ausrichtung wollte sich verstärkt den Ressourcen der Menschen widmen, mehr die eigenen Stärken vor Augen führen, sehen, was da ist, und weniger, was nicht da ist. Sich bei seinem Glücksempfinden unabhängiger von äußeren Faktoren zu machen, ist eines der Ziele der positiven Psychologie. Dazu gehört, sich selbst als handlungsaktiv zu erleben, egal, was im Außen passiert. Negative Erlebnisse helfen in diesem Sinne beim persönlichen Wachstum, da das Außen weniger wichtig wird und es bei der Verarbeitung dieser Rückschläge darum geht, das Gute im Schlechten zu erkennen. Sich bewusst für positive Gefühle zu entscheiden, hebt das Wohlbefinden und stärkt die Zuversicht. Doch manchmal braucht es auch Anstöße. Oliver Glasner bringt einen passenden Vergleich: *Wir würden alle nicht gehen können, wenn wir nach Rückschlägen nicht weitergemacht hätten. Jedes Kind fällt zuerst hin. Und wenn die Eltern sagen würden: „Nee, lass mal, du kannst es nicht“ und das Kind keinen Eigenantrieb hätte, dann würden wir alle auf allen Vieren herumklettern. Aber was machen wir als Eltern? Wir reichen die Hand, wir unterstützen das Kind und sagen: „Es wird schon.“ Und am Ende läuft es.*[91] Ein klassisches Beispiel für positive Psychologie.

Positivität hilft, Rückschläge gut verarbeiten zu können. *Misserfolg gehört zum Weg dazu, gehört zum Lernen. Es ist unser Urantrieb, dass wir wahrgenommen werden wollen, dass jemand sagt, das hast du aber gut gemacht,* sagt Glasner. Kein Wunder, dass der Österreicher seine Arbeit danach ausrichtet. Bei Videoanalysen in seinen Teams zeigt Glasner 80 Prozent positive Szenen: *Es geht darum zu zeigen, wie wir es haben wollen, wie es richtig geht. Meine Erfahrung ist, dass du immer eine Szene findest, wo die Mannschaft, der Spieler es gut gemacht haben. Und bevor wir dreimal zeigen, wie sie es schlecht machen, zeigen wir einmal, wie wir es nicht haben wollen, und zweimal, wo die Spieler es richtig gemacht haben. Es ist wichtig, die Lösung aufzuzeigen.*

Lösungsfokussierung lautet das Stichwort. Sich nicht daran festzuhalten, was alles schlecht war, sondern zu schauen, wie die Lösung aussehen könnte.

In Coachings ist das einer der Schlüssel. Menschen sind oft mit ihrem Problem „verheiratet“, sie drehen sich im Kreis, sind von den Aspekten und Auswirkungen des Problems derart gefangen, dass es gar keine andere Perspektive geben kann als sich an das Problem zu klammern. In einem solchen Fall lässt man dann die Coaching-Klienten erst einmal gewähren, beobachtet, wie sie die allerkleinsten Details ausrollen und fragt dann: „Und wie würde die Lösung lauten?" Die Antwort ist dann oft, dass dies oder jenes aufhören solle. Die positive Formulierung gelingt den wenigsten auf Anhieb. Finden sie diese, ist ein erster wichtiger Schritt zur Behebung des Problems getan.

Der Österreicher Adi Hütter war 2013 Trainer des SV Grödig, als ein Wettskandal den Klub erschütterte. Zwei Spieler mussten freigestellt werden und es herrschte große Unruhe. Die Akteure standen unter Schock. Hütter trommelte die Mannschaft zusammen. In dem Meeting forderte der Trainer seine Spieler auf, ihre Gedanken zum aktuellen Geschehen zu notieren. Welche Gefühle hatten sie in Bezug auf das Verhalten der Spieler und ihrer Suspendierung? Jeder stellte seine Gedanken vor, präsentierte das, was in ihm vorging. Die Gedanken und Gefühle wurden auf einem großen Flipchart notiert. Dann forderte Hütter die Spieler auf zu überlegen, was sie Positives aus der Geschichte rausziehen könnten, um die bevorstehenden Aufgaben anzugehen. Auch diese Gedanken wurden notiert. Danach sagte Hütter, dass es wichtig sei, das Thema zu schließen und nun auf die positiven Dinge zu schauen. Er riss die Seite vom Flipchart, die sich mit der Vergangenheit beschäftigt hatte, und warf sie in den Papierkorb. Danach wurde nur noch über die Gedanken der rechten Seite, der positiven Spalte, gesprochen. Im folgenden Spiel zeigte das Team eine überzeugende Leistung und gewann. Ein eindrucksvolles Beispiel für das Setzen eines positiven Mindsets.[92]

Doch die negative Sichtweise dominiert leider viel zu oft, gerade beim Blick auf sich selbst. Im Laufe unseres Lebens werden wir mit Kritik konfrontiert, es wird uns vor Augen geführt, was nicht so gut läuft, worin wir uns verbessern müssen, was wir anders machen sollten. Manches davon speichern wir dann als „wahr" ab, was bei vielen Menschen dazu führt, dass diese negativen Glaubenssätze sie dauerhaft begleiten und sie daran hindern, ihr Potenzial auszuschöpfen. Es ist auch die Aufgabe von Leadern, Menschen zu unterstützen, sich von dieser negativen Sicht zu lösen und potenzialfördernd zu agieren. Felix Magath sagt: ***Wenn ich was mitgenommen habe aus meiner Zeit als Trainer, dann dieses: Dass die meisten Leute sich zu wenig zutrauen und dass viele Menschen mehr können als sie eigentlich selbst glauben. Das war auch Teil meiner Arbeit, wenn ich der Meinung war, der Spieler hat Potenzial: ihm gegenüber diese Überzeugung durchzusetzen.***[93]

Wenn man mit anderen zusammenarbeitet, passieren ständig Dinge, die einem nicht gefallen, die nicht so laufen, wie es vereinbart war oder die schlicht schlecht waren. Auch da stellt sich in der Kommunikation die Frage, wie ich agieren will. Problem- oder lösungsfokussiert? Oftmals wird Kritik dann in sogenannte „Du-Botschaften" verpackt. Sätze wie „Es ist unprofessionell, wie Sie arbeiten!" wirken aber wie ein ausgestreckter Zeigefinger. Sie thematisieren vor allem das Fehlverhalten des anderen und lösen in der Regel Widerwillen und Widerspruch aus. Der Gegenüber rechtfertigt sich, Verletzung und Ärger sind typische Folgen. Es ist ein sehr destruktiver Vorgang. Ein positiverer Umgang mit Fehlleistungen wäre die „Ich-Botschaft". Sie löst Betroffenheit aus, das Gegenüber wird nachdenklich und ist eher zu einer Klärung bereit.

Konstruktive Kritik in diesem Sinne lässt sich am besten so formulieren:

1. Die Situation, das störende Verhalten wird aus der eigenen Sicht konkret beschrieben.
2. Die Auswirkungen auf einen selbst werden geschildert.
3. Man benennt die eigenen Gefühle.
4. Man lässt den Gesprächspartner zu Wort kommen.
5. Eigene Wünsche und Erwartungen werden formuliert.

Eine Frage ist für Führungskräfte entscheidend: Geht es beim Ansprechen von Fehlern darum, dem anderen eine „mitzugeben“ oder ein Exempel zu statuieren? Oder geht es darum, alles dafür zu tun, dass dieser Fehler nicht wieder vorkommt? Letzteres lässt sich mit Ich-Botschaften viel eher erreichen.

Positive Führung kann man jeden Tag üben, aktive Lösungsorientierung statt destruktivem „Fehlerbashing“. Die Etablierung einer guten Fehlerkultur ist für die Stimmung in Unternehmen, Teams oder Abteilungen von elementarer Bedeutung. Da, wo Menschen zusammenkommen, werden Fehler gemacht, wir sind schließlich keine Maschinen. ***Es wird immer wieder vorkommen, dass du Fehler machst, denn der Mensch ist ein fehleranfälliges Wesen. Wichtig ist, egal, welchen Fehler du machst, dass du dir diesen Fehler eingestehst, aus dem Fehler lernst und diesen Fehler nicht wiederholst. Der Mensch braucht eine Fehlertoleranz und muss sich selbst gegenüber bereit sein zu vergeben. Das ist ein schwieriger und schmerzhafter Prozess, der aber zu einer viel größeren Souveränität und Glaubwürdigkeit führt***,[94] sagt Christoph Daum.

Wir wissen das doch alle: Am meisten ärgern wir uns selbst über Fehler. In den meisten Fällen braucht es niemanden, der uns noch zusätzlich mit der Nase darauf stößt, dass da irgendwas schlecht gelaufen ist, und uns zur Einsicht bewegen will. Das wissen wir selbst. Stattdessen muss es darum gehen, den Fehlerverursachenden zu ermutigen und in die Lage zu versetzen, diesen Fehler nicht mehr zu wiederholen. ***Wenn ich jemandem erzähle: „Das hast du falsch gemacht“, und ich kaue ihm alles vor, dann ist die Motivation, das umzusetzen, geringer, als wenn er selber diesen Aha-Effekt hat. Und das ist eigentlich der Job eines Trainers oder einer Führungskraft: die Leute zu coachen, zu einer Erkenntnis zu führen,***[95] sagt Ewald Lienen.

Aber klar ist auch: Mitarbeitende, die fleißig sind, Spieler, die viel ausprobieren, werden mehr Fehler machen als andere. Aber sie werden auch schneller wachsen. *Meine Spieler sollen mutig sein, sie sollen selbstbewusst sein,*[96] sagt André Breitenreiter. *Und wenn ich diesen Mut habe, diese Bereitschaft: Ich darf auch Fehler machen, dann ist das für mich normalerweise eine Situation, die für mich leistungsfördernd ist. Wenn ich mich immer verstecke, weil ich Angst vor Fehlern habe, dann kann ich in der Regel auch nicht erfolgreich sein.*

Als Daum nach dem nachgewiesenen Drogenmissbrauch für kurze Zeit in die USA ging, um dort dem Trubel in Deutschland zu entkommen, tat ihm die Haltung dort gut, wie er berichtet. *Die Amerikaner sagten zu mir: „So what, Chris, what happened? Sometimes shit happens." Genau, ab und zu passiert eben Scheiß,*[97] drückt es Daum aus. Abhaken, nach vorne schauen, aber daraus lernen. Das ist der Idealfall.

Fehler passieren. Der positive Umgang der Führungskraft mit Fehlern der Mitarbeitenden schafft größere Verbundenheit. Konstruktive Kritik bei Fehlleistungen motiviert Mitarbeitende in der Regel mehr, Dinge richtig und gut zu machen, als fürchten zu müssen, für ihren Fehler vor dem Kollegium bloßgestellt zu werden oder negative Konsequenzen oder gar Sanktionen zu erwarten zu haben. *Auch in der Familie heißt es zusammenzustehen, wenn es mal schwierige Zeiten gibt. Es geht dann darum, sich gegenseitig zu helfen, füreinander da zu sein. Dann erst kommst du auf einer nächsten Ebene zusammen. Es geht darum, jemanden nicht bei der ersten Schwierigkeit fallenzulassen, sondern zu unterstützen,*[98] sagt Oliver Glasner.

Gerade junge Menschen brauchen konstruktives Feedback und den Freiraum, auch mal etwas falsch machen zu dürfen. *Wir haben sehr viele junge Talente in allen Bereichen, nur müssen wir sie einsetzen und fördern. Und da hakt es gerade noch, dass wir es zulassen können, jungen Leuten die Chance zu geben, Fehler zu machen, sich weiterzuentwickeln. Da können wir viel mutiger werden. Leuten eine Chance zu geben, sie nicht*

gleich beim ersten Fehler niederzumachen, das ist eine wesentliche Kultur, die wir in Deutschland weiterleben müssen. Nur dann werden wir mit anderen Ländern mithalten können,[99] sagt Dieter Hecking.

Es braucht ein positives Arbeitsklima, um die Stärken des Teams ans Licht zu bringen und zu fördern. Im Fußball erleben wir das häufig bei Trainerwechseln, die meist dann stattfinden, wenn es darum geht, eine Abwärtsspirale zu beenden. Die Mannschaft liegt am Boden, die Stimmung ist mies, alle fühlen sich als „Loser" – frischer Wind muss her. Der neue Trainer versucht zunächst einmal, einen Stimmungswechsel herbeizuführen, um mit der neuen Positivität ein leistungsbejahendes Klima im Team zu schaffen und die Spieler neu zu motivieren. Vor dieser Aufgabe stand auch Bo Svensson, als er 2021 die Mannschaft von Mainz 05 im Tabellenkeller der Liga übernahm. ***Ich wollte, dass die Spieler gern auf die Arbeit gehen, auch wenn sie nur sechs Punkte haben. Vor der Leistung kommt, dass du auch Lust auf die Sachen hast. Lust auf Leistung. Wir haben deshalb damals die Kultur in Mainz geändert,***[100] so der Däne. Svensson achtete darauf, dass die Spieler mit Freude, Spaß und guter Laune zum Training kamen. Er ging mit gutem Vorbild voran und gestaltete die Einheiten auch dementsprechend: intensiv, aber lustvoll.

Auch das ist etwas, was bei vielen Menschen, die neu in Führungspositionen gehievt werden, viel zu kurz kommt: der freudvolle Tatendrang. Die anderen dürfen ruhig merken, dass der Job als neue Führungskraft Spaß macht, dass man sich freut, da zu sein, um ab sofort das Team nach vorne zu bringen. Die eigene Rolle als Lust, nicht als Last zu empfinden, auch das färbt ab. Wenn ich selbst den ganzen Tag ernst, gestresst und freudlos durch die Gänge hetze, wie will ich da von meinen Mitarbeitenden eine positive Herangehensweise verlangen? Womit wir wieder bei nonverbalen Signalen wären. Es ist eine grundsätzliche Haltung, die auch durch Mimik zum Ausdruck kommen sollte.

Für die Motivation von Mitarbeitenden spielt auch die Ausgestaltung des Arbeitsplatzes eine Rolle. Ist er steril, nüchtern und unpersönlich oder fühlen sich die Menschen wohl? Nur selten hat man als Führungskraft die Möglichkeit, Einfluss auf die Gestaltung des Arbeitsplatzes zu nehmen. Doch wenn es so ist: Es schadet nicht, mit den Mitarbeitenden zusammen zu überlegen, in welcher Umgebung sie gerne arbeiten würden.

Als Sandro Wagner nach Unterhaching kam, begann er die erste „Trainingseinheit" damit, die Heimkabinen umzugestalten und so einen Wohlfühlort zu kreieren. In einer gemeinsamen Runde musste jeder Spieler vorher einen Gegenstand präsentieren, der ab sofort Teil der gemeinsamen Räumlichkeiten sein sollte. ***Das war mir ganz, ganz wichtig, dass man sich heimisch fühlt. Da wurden tolle Sachen mitgebracht. Teile, die nichts mit Fußball zu tun hatten, aber gesamtheitlich für die Gruppe sehr wichtig waren,***[101] erzählt Wagner. Das Fußballtaktische auf dem Rasen und Kreativität im Büro sind das eine. Doch um dort von Spielern und Mitarbeitenden Leistung erwarten zu können, muss ich auch Rahmenbedingungen schaffen, die sie mit positiver Kraft nähren.

Eine Vision kann helfen, sich dauerhaft in einem positiven Bereich zu bewegen. Die Vision ist mitentscheidend für den Erfolg eines Teams. Sie dient als Polarstern, als Leitbild, an dem sich die Gruppe orientieren kann. Wenn der Einzelne wirklich wahrnimmt, dass sein Tun zum Erreichen eines übergeordneten Ziels beiträgt, dass seine Arbeit zur Verwirklichung der größeren Vision wichtig ist, dann ist er viel mehr bereit, sich einzubringen, Dinge zu leisten und über sich hinauszuwachsen. Es ist immer die Aufgabe des Führenden, sich Gedanken darüber zu machen, wie man Ziele in ein greifbares Visionsbild umwandelt, das seine Kraft entwickeln kann, indem es Sinn, Wert und einen gemeinschaftlichen Blick herstellt. Visualisierungen sind dabei eine große Stütze. Die Vorstellung, das gemeinsame Ziel mit vereinten Kräften erreicht zu haben, sorgt für ein positives Gefühl, das jeden einzelnen Mitarbeitenden abholt.

Ein Beispiel dafür: Als Adi Hütter Young Boys Bern trainierte und das Team zweimal die Meisterschaft verpasst hatte, gab er im Trainingslager im Zillertal 2017 folgende Losung aus: „Ich will mit euch Schweizer Meister werden und den Pokal in die Höhe stemmen."[102] Die Spieler stimmten zu. Hütter forderte danach jeden einzelnen Spieler auf, sein eigenes, persönliches Bild zu zeichnen, wie es aussehen würde, wenn sie Schweizer Meister würden. Jeder Akteur stellte sein Bild der Mannschaft vor. Die Bilder wurden eingeschweißt und in die Innentüren der Spinde gehängt. Zehn Minuten vor den Heimspielen schauten sich die Spieler ihre Bilder an und verinnerlichten das Gefühl, das sie damit verbanden. Dann machte man einen Kreis, die Akteure schlossen die Augen, holten die Bilder der Feier und die damit verbundenen Emotionen vor das geistige Auge und motivierten sich damit selbst. Erst dann ging es raus auf dem Platz. Das Team wurde 2017 Meister und die Bilder von der Meisterfeier im Stadtzentrum von Bern erinnerten stark an die Zeichnungen der YB-Spieler.[103] Der Trainer hatte es mit der Vision vom Gewinn des Meistertitels geschafft, die bisherigen negativen Erlebnisse zu verdrängen.

Der bloße Vorsatz, sich von negativen Ereignissen lösen zu wollen, ist einfach. Diesen auch in die Tat umzusetzen, ist etwas ganz anderes. Wer bereits selbst persönliche Rückschläge hinnehmen musste, weiß, wie schwer es manchmal ist, sich davon zu befreien. Eine neutrale Sicht auf die Dinge ist dann oftmals versperrt, ein positiver Blick in die Zukunft wird erschwert. Daher kann eine Visualisierung ein hilfreiches Mittel sei, um eine neue, positive Perspektive zu gewinnen.

Im Mai 2019 standen sich im Halbfinale der Champions League der FC Barcelona und der FC Liverpool gegenüber. Im Hinspiel in Spanien hatten die Engländer unter Trainer Jürgen Klopp 0:3 verloren und schafften es, bei einem atemberauben

Rückspiel an der Anfield Road eine der spektakulärsten Aufholjagden der Geschichte mit einem 4:0 zu krönen und ins Finale einzuziehen. Ein Spieler, der mit seinen beiden Toren maßgeblich daran beteiligt war, war Divock Origi. Er spielte nur, weil andere verletzt oder gesperrt waren. Er hatte bis dahin lediglich fünfmal in der ganzen Saison von Beginn an gespielt und nur dreimal getroffen. Wie schafft man es, dass ein Spieler während der ganzen Saison draußen sitzen muss und plötzlich so performt? Klopp gibt Antworten: ***Wir haben Divock immer wertgeschätzt, das hat er gespürt. Darum geht es: Wir brauchen alle positives Feedback. In unserer Entwicklung – und ich weiß ehrlich gesagt nicht, wann die aufhört – müssen wir positives Feedback bekommen für das, was wir getan haben. Das brauchen wir, aber wir vergessen über die Jahre, dass es andere auch brauchen. Dass wir es selbst brauchen, das vergessen wir nie.***[104]

Gerade in Zeiten, in denen es Spielern, Mitarbeitenden oder Kollegen nicht so gut geht, kann man für eine unglaubliche Verbundenheit sorgen, indem man als Führungskraft positive Signale sendet, aufmuntert, Wertschätzung zeigt, Dinge lobt. Wer das rechtzeitig tut, bekommt meist eine Menge zurück. Es braucht manchmal einfach diesen positiven Impuls von oben, um wieder eine neue Perspektive zu bekommen.

Ein positiver Blick half auch einst dem Leverkusener Stümer Ulf Kirsten, eine Durststrecke in der Bundesliga zu überwinden. Kirsten zweifelte an seinen Fähigkeiten, sah alles düster. Sein damaliger Trainer Christoph Daum erzählte mir, mit welchem Psychokniff er es schaffte, dass Kirsten wieder mit einem positiven Blick auf sich schaute und Zuversicht gewann: ***Ich sprach mit Kirsten darüber, wie viele Tore er macht. Er sagte, er mache von zehn Torchancen drei Tore.***[105] Daum verglich die Rolle des Torjägers mit der eines Staubsaugervertreters, der an zehn Haustüren klopft und dabei drei Staubsauger verkauft. Er führte aus: ***„Ulf, stell dir vor, du gehst an die erste Haustür, dann an die zweite,*** *dritte, vierte usw. Du bekommst immer eine Absage. Wie fühlst du dich da?", fragte ich ihn.* Kirsten antwortete, er würde sich nicht gut fühlen. Daum sprach weiter: *„Du gehst also zur sechsten Haustür und verkaufst wieder keinen. Mit welchem Gefühl gehst du zur siebten Tür?"* Die Antwort des Stürmers: *„Mit einem Scheißgefühl, weil ich vorher keinen verkauft habe."* Dann kam der große Moment von Daum. Er sagte: *„Nein, Ulf, zum siebten gehst du mit einem Lächeln, weil das die letzte Person ist, die dir absagen kann. Denn wenn er dir absagt, wird danach der Verkauf beginnen."* Kirsten war beeindruckt, berichtete Daum. *„So habe ich das noch nie gesehen"*, sagte der Angreifer. Daum: *„Aber so ist es. Du weißt nicht, wann du die drei Tore machst. Das Auslassen von Chancen ist genauso wichtig wie das Erzielen von Toren. Eine hundertprozentige Trefferquote gibt es nicht. Du wirst also immer eine gewisse Anzahl von Fehlversuchen haben. Und da ist es wichtig, wie schnell du wieder in die bestmögliche Stimmung kommst." Das haben wir dann mit einem Anker verbunden. Er ist danach Torschützenkönig geworden.*

Sogenannte Anker können innerhalb von Sekunden für ein bestimmtes Gefühl sorgen: Selbstvertrauen, Traurigkeit, Stolz, Gelassenheit oder Ekstase, aber natürlich auch Zuversicht und Freude. Im Coaching unterscheidet man zwischen auditiven (Ohr), visuellen (Auge), olfaktorischen (Nase) und kinästhetischen (Haut) Ankern. Insofern kann man auch die Musikstücke, die in den Kabinen der Fußballmannschaften vor und nach den Spielen gespielt werden, dazuzählen. Auch sie sollen die Spieler in eine motivierte, emotionale Haltung bringen. Die meisten Fußballteams greifen mittlerweile darauf zurück, oftmals auf Initiative der Spieler hin. Nun ist es schwer vorstellbar, dass man in Büroräumen „Eye of the Tiger" spielt, um die Motivation hochzuhalten, aber es kann durchaus Rituale und Routinen geben, die ein Team auch im Unternehmenskontext beflügeln und motivieren. André Breitenreiter berichtet von einem solchen

Anker, als er 2022 mit dem FC Zürich Schweizer Meister wurde: *Wir waren im Wintertrainingslager in einem Nobelrestaurant mit toller Hintergrundmusik. Und da spielten sie auf einmal „Bella ciao". Wir hatten eine internationale Mannschaft, und da standen die Spieler auf und wedelten mit den Servietten. Alle anderen auch, der Staff, alle miteinander sind aufgestanden und haben voller Inbrunst dieses Lied gesungen. Das war Gänsehaut. Auch ich sang mit und ich habe die Jungs beobachtet und mir gedacht: „Uns kann diese Saison nichts aufhalten. Wir werden diese Meisterschaft einfahren."*[106] Noch heute melden sich ehemalige Spieler und Staffangehörige bei Breitenreiter, wenn sie irgendwo in der Welt dieses Lied hören. *Es sorgt im gleichen Moment für das Gefühl der Verbundenheit, aber auch des Erfolgs*, sagt Breitenreiter.

Aber was ist eigentlich Erfolg? Titel, Trophäen, Medaillen? Wer entscheidet darüber, was man feiern darf und was nicht? Was ist, wenn man intern das Gefühl hat, etwas Großartiges geleistet zu haben und extern wird das Ganze als Durchschnitt oder gar als Misserfolg angesehen? Trainern wie Jürgen Klopp ist es unglaublich wichtig, sich von den Interpretationen der Außenwelt zu entkoppeln und sich den positiven Blick zu bewahren: *Man wird Zweiter mit einem Punkt weniger, da spricht keine Sau drüber. In der Welt, die wir uns als Gesellschaft so geschaffen haben, ist das praktisch nichts. Das wird in keinem Museum ausgestellt, da gibt es keine Silbermedaille, da gibt es gar nichts. Das ist die Welt, die wir geschaffen haben.*[107] Doch Klopp betont: *Das lasse ich nicht zu für mich. Dieses Recht nehme ich mir raus, dass ich für mich entscheide, was Erfolg ist. Das Erreichen eines Finals ist ein Erfolg. Er wird nur von außen nicht so betrachtet, aber das könnte mir persönlich nicht egaler sein. Mich interessiert der Prozess, wie wir dorthin kommen. Mich interessiert, was haben wir richtig gemacht und was haben wir falsch gemacht?*

DIE DREIERKETTE FÜR **POSITIVITÄT**

LEITSATZ

Damit eine Gruppe nach einem Rückschlag oder in einer Situation, die schwierig ist, an sich glaubt, braucht es Leader, die positiv nach vorne schauen.

DAS KÖNNEN FÜHRUNGSKRÄFTE VON ERFOLGREICHEN TRAINERN LERNEN

Menschen machen Fehler. Ihnen anhand ihrer Stärken aufzuzeigen, wie Fehler zukünftig zu vermeiden sind, ist produktiver, als nur zu zeigen, wie es nicht geht. Leader lernen aus Krisen und schaffen es, einen positiven Ansatz daraus zu ziehen. Ihren Spielern helfen sie, dass sie sich von negativen Glaubenssätzen lösen, indem sie die Stärken betonen. Sie wissen, dass das Team positive Impulse braucht, um aus einem Leistungstief oder einer Krise herauszukommen. Gute Trainer strahlen Freude, Lust und Tatendrang aus und sorgen somit für ein gutes Arbeitsklima.

DREI GUTE FRAGEN

Wie gehe ich mit Fehlern um?
Bin ich in der Lage, Kritik konstruktiv zu formulieren?
Sehe ich das Glas eher halb voll oder halb leer?

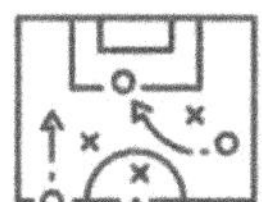

VERTRAUEN

„Es geht darum, den Jungs das Gefühl zu vermitteln,
dass sie mit allen Dingen, die sie haben,
zu mir kommen können."

SANDRO SCHWARZ

Robin Dutt hatte zwischen 2007 und 2011 vier sehr erfolgreiche Jahre beim SC Freiburg. Er führte die Breisgauer in jener Zeit aus der 2. in die 1. Liga und schaffte danach zweimal sehr souverän den Klassenverbleib. 2011 wechselte er zum sehr ambitionierten Werksklub nach Leverkusen. Nur neun Monate später wurde er dort aber entlassen. Erstrundenpleite im Pokal, in der Champions League im Achtelfinale gegen Barcelona raus, in der Bundesliga auf Rang 7. ***Das hat nicht den Ansprüchen genügt, aber Rudi Völler [der damalige Sportdirektor] ist nicht der Typ, der einen Trainer entlässt, weil der anstatt Vierter nur Sechster wird***, so Dutt. ***Das hat er auch in den Jahren danach bewiesen, als er an Trainern, die deutlich schlechter standen als ich, festgehalten hat.***[108] Was hätte Dutt also besser machen müssen? Er selbst hat Antworten parat: ***Heute würde ich mich viel mehr zurücknehmen. Die Themen Taktik, Training, Wettkampf sind wichtig, aber ich würde das Thema „Vertrauen schaffen" viel wichtiger nehmen. In das Team reinhören, kommunizieren, mich selbst zurückzunehmen.*** Zurücknehmen? Was versteht er darunter? ***Zurücknehmen heißt, nicht zu einem Verein zu kommen und mein System, mein Konzept überzustülpen. Sondern*** *schauen, welche Qualitäten und Stärken da sind. Wie trainieren die Jungs, was für Ideen haben sie? Allen das Gefühl zu geben, ihr habt hier ein funktionierendes System gehabt, ich habe ein funktionierendes System gehabt und wie können wir uns jetzt aus beiden Systemen ergänzen und daraus einen erfolgreichen Weg machen? Ich war damals viel zu einseitig unterwegs und dadurch bauen sich gewisse Widerstände auf. Dann entsteht ein Klima, wo kein Vertrauen da ist*, erzählt Dutt.

In einem solchen Klima fühlen sich Menschen nicht wohl. Sie entwickeln Abwehrmechanismen und das strahlt auf ihre Leistungen aus. Damit Menschen ihr volles Potenzial abrufen können, brauchen sie ein Umfeld, in dem sie Vertrauen, Sicherheit und Akzeptanz erleben. Es ist also die Aufgabe der Führungskraft, ein solches Arbeitsklima zu sichern. Ich nenne das Vertrauen schaffen durch Wertschätzung: „Du bist gut, wie du bist." Wenn man diese Botschaft auf der persönlichen Ebene transportiert, kann man sich gemeinsam auf den Weg machen. Eine Führungskraft, die in ein neues Umfeld kommt und von Beginn an deutlich macht, dass alles, was das Team bisher gemacht hat, nur Mist war, wird es schwerhaben, das Team für sich einzunehmen und für das gemeinsame Ziel zu gewinnen. Als neuer Teamleiter muss ich behutsam mit Veränderungen vorangehen, erst einmal beobachten und das Vorhandene wertschätzen und auswerten, um im nächsten Schritt – mit dem Vertrauen der Mitarbeitenden – die eigenen Vorstellungen umzusetzen. Mit einer Haltung „Das ist alles nichts, was ihr bisher gemacht habt. Ich zeige euch jetzt mal den richtigen Weg", wird es kompliziert. Diese Beobachtung hat auch Sandro Wagner gemacht: *Wenn ein Trainer kommt und versucht, seinen Stiefel durchzuziehen – „So habe ich es bei meinen Vereinen vorher gemacht und so machen wir es jetzt auch" –, das funktioniert nie. Nicht in der Bundesliga, nicht in der Jugend. Da ist der wichtigste Faktor, aufeinander zuzugehen, ohne dass jemand sein Gesicht verliert. Meine Erfahrung ist, wenn du versuchst, deinen Stiefel durchzuziehen und wenig auf eine Struktur in der Mannschaft eingehst, scheiterst du.*[109]

Wir sehen also, dass gerade die Anfangszeit einer Führungskraft in einem Team unheimlich wichtig ist, um die Teammitglieder ins Boot zu holen und deren Vertrauen zu gewinnen. Marco Rose sagt nicht ohne Grund: *Vertrauen ist die Basis für alles.*[110] Wie unter dem Mikroskop wird jeder Schritt, jede Handlung, jede Aussage seziert. Und im optimalen Fall zahlen alle diese Dinge, wenn sie mit Wertschätzung getan werden, auf das Konto des Vertrauens ein. Erst wenn das prall gefüllt ist, kann man Großes erreichen. *Wenn man mit Menschen zusammenarbeitet und sie auf einem Weg mitnehmen will, dann braucht man Vertrauen,* sagt Thomas Schaaf. *Das ist ein ganz erheblicher Punkt.*[111] Der Trainer hat die Vision, die Idee, den Weg und der Spieler vertraut darauf – das matcht. *Der Spieler sitzt dir gegenüber und sagt: „Okay, ich begebe mich in deine Hände, in deine Obhut und versuche, dir zu folgen"*, so Schaaf.

Es gibt viele Wege, für Vertrauen in einem Team zu sorgen. Der eine ist Wertschätzung, ein anderer ist das Übertragen von Verantwortung. Fußballcoaches haben den Vorteil, dass sie das automatisch tun müssen. Am Samstag um 15.30 Uhr spielen nämlich nicht sie, sondern elf Spieler. Der Trainer steht draußen an der Linie oder sitzt auf der Bank und muss sich darauf verlassen, dass seine Spieler die Dinge so umsetzen, wie er sich das vorgestellt hat und wie es trainiert worden ist. Er hat die ganze Woche Zeit, um das Spielsystem für den jeweiligen Spieltag einzuüben, er hat täglich die Möglichkeit, im Training zu unterbrechen, noch mal zu erklären, einzelne Spieler zu briefen und sie individuell anzuleiten. Doch am Spieltag schaut er nur zu. *Machen wir uns nichts vor: Trainer begleiten, Trainer sind die wichtigsten Personen in einem Verein. Aber ob die Spiele gewonnen werden, das entscheiden am Ende die Spieler auf dem Platz,* sagt André Breitenreiter. *Das wird immer so bleiben, und jeder Trainer, der was anderes meint, der schiebt sich zu sehr selbst in den Vordergrund. Die Spieler gewinnen die Spiele. Man kann vieles beeinflussen und deshalb steht der Trainer ja auch in der Verantwortung, damit die Spieler bereit sind, ihre bestmögliche Leistung abzurufen.*[112]

Was bedeutet das? Dass ich als Trainer die Spieler so vorbereiten muss, dass sie in der Lage sind zu performen. Dass ich aber auch unter der Woche Verantwortung übertrage, denn wie sonst sollen die Spieler denn lernen, im Spiel Verantwortung zu übernehmen? „Kontrolle ist gut, Vertrauen ist besser", muss die Losung lauten. Natürlich, am Spieltag kann man als Trainer noch durch Einwechslungen, Umstellungen oder Taktikwechsel Änderungen vornehmen. Doch im Grunde muss es die Mannschaft alleine hinbekommen. Manche halten selbst das Coaching am Spielfeldrand für überflüssig. So wie Peter Neururer: *Der Trainer kann am Rand Flickflack machen, in die Hände klatschen, pfeifen, schreien: Egal, was er macht, er wird von den Spielern in den heutigen Stadien gar nicht mehr wahrgenommen Der Einflussbereich des Trainers wird grundsätzlich überschätzt.*[113]

Ich halte das Bild des stärkenden Coaches, der von der Außenlinie seinen Spielern zuschaut, für ein elementares Bild aus dem Fußball für den Führungsalltag in Unternehmen. Diesen Führungskräften klarzumachen, dass ihr Job darin besteht, nicht auf dem Spielfeld herumzuturnen, ist immer hilfreich. Als Führungskraft muss ich wie ein Fußballtrainer Vertrauen schenken, muss meine Mitarbeitenden so stärken, dass sie in der Lage sind, alleine zu „spielen". Führende müssen zusehen, außerhalb des Spielfelds zu bleiben. Sie dürfen beobachten, analysieren, die Mitarbeitenden zusammentrommeln, aufs Neue aufs Spielfeld schicken, aber tunlichst den Job der Mitarbeitenden nicht zum eigenen machen. Klopp, Glasner und Rangnick rennen auch nicht auf dem Spielfeld herum. Das tun die Spieler. Und denen gilt es zu vermitteln: Wo steht das Tor? Was ist unsere Strategie? Wer geht voran im Team? Was tun wir bei Gegentoren? Übertragen auf den Alltag in Unternehmen wunderbare Fragestellungen, die das Vertrauen, aber vor allem die Performance des Teams steigern werden. Führungskräfte müssen Vertrauen und damit Verantwortung schenken.

Dass sich viele damit schwertun, hängt manchmal mit tradierten Führungsleitbildern zusammen, wonach ein guter Chef der ist, der alle Probleme löst, der „seine Spieler" eben nicht laufen lässt, sondern eher durch Kontrolle an sich bindet – kurz gesagt: der sich für unverzichtbar hält. Die größte Angst dieser Führungsspezies ist, dass während ihrer Abwesenheit alles so funktioniert wie sonst auch, also die Erkenntnis, dass sie doch verzichtbar ist. Gute Führungskräfte lösen sich von diesem Bild und versuchen, ihre Leute so eigenständig wie möglich zu machen. Das gelingt jedoch nur mit Vertrauensvorschuss.

Auch Ottmar Hitzfeld findet, dass man als Trainer ***am Spieltag nur einen begrenzten Einfluss***[114] habe. Worauf ein Mann wie Hitzfeld deshalb geachtet hat: Er setzte auf Anführer, die zu Stellvertretern auf dem Platz wurden. ***Richtige Leader,*** sagt Hitzfeld. ***Und mit denen muss man sich vorher absprechen. Sie wissen dann, was meine Mentalität ist, was sie ins Spiel übertragen müssen. Mir war es wichtig, dass sie positiv bleiben, auch mal was sagen, aber nicht abwinken und negativ reagieren. Ich wollte keine negative Ausstrahlung, sondern die Ausstrahlung: Wir schaffen das. So wie Oliver Kahn das immer getan hat. Oder Stefan Effenberg, er war auch ein großartiger Leader.*** Die Spieler sind dadurch gewachsen. Sie fühlten das Vertrauen des Trainers, fühlten, dass er hinter ihnen stand. Auch wenn sie Konflikte zu bestreiten hatten oder mal eine schlechtere Leistung ablieferten, konnten sie dank seiner Unterstützung Einfluss auf den Rest des Teams nehmen.

Friedhelm Funkel setzte ebenfalls gerne auf einen Stamm an Führungsspielern, die vorangehen. Er sah den Mannschaftsrat als ***verlängerten Arm des Trainers.***[115] Für ihn waren das die Leute, denen du ***Verantwortung übertragen musst.*** Beide Seiten profitieren: Der Trainer hat ein Ohr an der Mannschaft und Stellvertreter auf dem Platz, gleichzeitig spüren die ausgewählten Spieler ein Vertrauen, eine besondere Verantwortung, der sie gerecht werden wollen. Als Funkel bei Fortuna Düsseldorf 2016 im Tabellenkeller der 2. Liga anfing, machte er die beiden Spieler Adam Bodzek und Thorsten Fink zu seinen Führungsspielern und das, obwohl sie beim vorherigen Trainer keine Rolle gespielt hatten. ***Ich habe sie im ersten Gespräch zu mir geholt und ihnen gesagt: Ihr seid jetzt meine Führungsspieler und verantwortlich, dass wir in den letzten acht Spielen den Klassenerhalt schaffen. Ihr spielt am Wochenende von Anfang an und das, obwohl ihr wochenlang nicht gespielt habt." Wir haben das erste Spiel gegen Kaiserslautern gewonnen und das waren dann meine Führungsspieler bis zum letzten Tag,*** erzählt Funkel, dem 2018 der Aufstieg in die 1. Bundesliga gelang.

Die Aufgabe eines Führenden ist es also, innerhalb eines Teams die Struktur für ihn zu stärken und die für diese Funktion geeigneten Teammitglieder auszuwählen. In jedem Team gibt es verschiedene Rollen, die es zu besetzen gilt. Es braucht Diversität. Auch das sorgt für Vertrauen: Gemessen an den persönlichen Fähigkeiten an der richtigen Stelle zum Einsatz zu kommen oder – gerade, weil man anders ist – das Vertrauen des Chefs zu erhalten.

Auch im Fußball braucht es die unterschiedlichsten Charaktere. Hitzfeld sagt: ***Ich brauche verschiedene Spielertypen. Die, die frech sind, welche, die Foul spielen, ich brauche die Künstler, die Kreativspieler, die, die den Rücken freihalten. Aber ich*** *habe den Spieler immer so angenommen, wie er ist.*[116] Gerade, wenn ich als Trainer, als Chef jemanden Vertrauen schenke, der gar nicht meiner Persönlichkeit entspricht, also für etwas ganz anderes steht, wirkt das souverän und sorgt beim Gegenüber für Verbindlichkeit.

Es ist ein Spagat: Ein Team sollte zum Ausdruck bringen, was dem Teamleiter wichtig ist, andererseits braucht es auch Gegensätzliches. ***In der Mannschaftsstruktur soll es so sein, dass nicht alle dich in der Persönlichkeit abbilden,*** sagt Sandro Schwarz. ***Du brauchst verschiedene Typen, die so eine Gruppe führen. Dennoch ist es wichtig, dass du das, was dir als Mensch unheimlich viel gibt, in einer Mannschaft siehst.***[117]

Menschen sind unterschiedlich, genau deshalb braucht es Diversität. Jeder hat seine Stärken. Wichtig ist deshalb, diese Stärken durch Vertrauen zu fördern, indem Führungspersonen ihren Mitarbeitenden den Raum lassen, um ihre Stärken entfalten zu können. Haben Mitarbeitende das Gefühl, sich ihre Freiheiten bewahren zu dürfen – immer in einem gewissen Rahmen, gewiss – beflügelt sie das und spornt sie weiter zu Topleistungen an.

Hören wir dazu Gernot Rohr. Er trainierte in den 1990er-Jahren das Team von Girondins Bordeaux. Seine Spieler hießen damals Bixente Lizarazu, Zinédine Zidane und Christophe Dugarry, mit denen Rohr 1996 auch das UEFA-Cup-Finale gegen den FC Bayern München erreichte. Rohrs Geheimnis, um mit diesen Starspielern umzugehen: ***Jeder hatte ja seine Eigenarten. Zidane hat sehr gern gedribbelt und den Beinschuss gemacht. Da gibt es Trainer, die sagen: „Hör auf mit der Spielerei!" Nein, das haben wir kultiviert, das habe ich ihm gelassen. Spieler wie er sollen vorne ruhig auch mal den Ball verlieren dürfen und dribbeln. Auch Lizarazu war als junger Spieler am Anfang zu aggressiv. Das ließ ich ihm aber und sagte ihm nur: „Pass ein wenig auf, mach nicht zu viele Fouls!" Das hat er*** *dann auch mit der Zeit abgestellt. Und Dugarry ließ ich die Freiheit zu schießen, auch wenn manchmal andere besser standen. Den Drang zum Tor habe ich ihm nie wegnehmen wollen.*[118] Was Rohr vor allem in dieser Zeit lernte: Dass Spieler, die entscheidend sein können, Vertrauen brauchen. Sie blühen auf, wenn der Trainer sie machen lässt. Sie zahlen das dann zurück. All das verstehe ich darunter, wenn ich sage, Vertrauen braucht Verantwortungsübertragung.

Vertrauen lässt sich auch durch Sicherheit erreichen. Wie ist das zu verstehen? Indem zum Beispiel vertrauliche Dinge niemals weitererzählt werden. Völlig logisch, dass Mitarbeitende auf das Stillschweigen ihrer Vorgesetzten vertrauen müssen. *Vertrauen erreichte ich dadurch, dass das, was ich mit dem Spieler besprach, auch unter uns blieb, dass ich darüber auch nicht mit dem Co-Trainer sprach. Das blieb nur unter uns,*[119] bekräftigt Hitzfeld. Wenn Dinge aus vertraulichen Gesprächen an anderer Stelle wieder auftauchen, sorgt das für einen kaum reparablen Vertrauensverlust. Deshalb muss die Vertraulichkeit in solchen Gesprächen unbedingt gewahrt sein. Vertrauen wird etwa auch verwirkt, wenn Kritik öffentlich gemacht wird, ohne dass zuvor kommuniziert wurde. Wie würde man sich fühlen, wenn der Manager einen in einem Meeting für das Scheitern des Projekts mitverantwortlich macht – ohne dass jemals darüber gesprochen worden ist? Wohl nicht wirklich gut. Die Arbeitsbeziehung zu dem Vorgesetzten dürfte ab diesem Zeitpunkt sehr belastet sein. *Ich habe mich immer mit den Leadern ausgetauscht*, sagt Hitzfeld. *Es ist wichtig, sich mit ihnen zu besprechen und auch, dass man sie bei der Presse schützt, nicht kritisiert.* Seine Empfehlung: *Wenn man verliert, sollte man keine Namen nennen. Man sagt dann Sachen wie: „Wir waren vielleicht zu unkonzentriert im Passspiel." Oder: „Wir haben die Torchancen ausgelassen." Solche Dinge. Das ist für das Vertrauen wichtig.* Fußballspieler nehmen jede Äußerung in der

Öffentlichkeit wahr, die ihre Trainer tätigen, selbst auf feine Nuancen wird geachtet. Spüren die Spieler, dass der Trainer das Ganze zu einer gemeinsamen Sache macht und sich mit ihnen solidarisiert, zahlt das auf das Vertrauen ein. Trainer sollten sich immer vor ihre Mannschaft stellen und nur in Ausnahmesituationen persönliche Kritik öffentlich machen. Für Florian Kohfeldt war es stets selbstverständlich, die Mannschaft zu schützen. ***Ich hatte immer das Gefühl, dass die Beziehung zu meinen Mannschaften gut war,*** so der Ex-Werder-Trainer. ***Und wenn das so ist, dann will ich sie verteidigen am Wochenende. Dann will ich denen auch zeigen: Ich schmeiß' mich vor euch im Zweifel. Und im Grunde ist es scheißegal, wie ich dabei aussehe.***[120] Eine solche Einstellung kommt gut an, jedoch braucht es dann auch irgendwann die Leistung der Spieler. Es darf sich nicht um eine Einbahnstraße handeln. Vertrauensvorschuss verlangt eine Bezahlung in Form von Engagement, Einsatz, Motivation und Leistung. ***Ich glaube, ich habe noch nicht einmal einen Spieler öffentlich kritisiert, so etwas gibt es nicht, das macht man nicht. Intern ist das etwas ganz anderes,*** betont Kohfeldt.

Kritische Dinge sollten im Eins-zu-eins-Gespräch geklärt werden. Das ist der Rahmen, um Tacheles zu reden oder aber auch um zu erfahren, wie es den Mitarbeitenden wirklich geht, was sie umtreibt etc. Ohne Vertrauen betritt keiner das Büro des Chefs. ***Es geht darum, den Jungs das Gefühl zu vermitteln, dass sie mit allen Dingen, die sie haben, zu mir kommen können. Je länger wir zusammenarbeiten, je mehr bekommen die Jungs auch mal das Gefühl, jetzt gehe ich echt zum Coach, der gibt mir eine Hilfestellung in der einen oder anderen Lebenssituation,***[121] sagt Sandro Schwarz. Es ist eine wunderbare Belohnung, wenn solche Gespräche zustande kommen. Vertrauen ist Nähe. Je mehr wir vom anderen erfahren, desto größer ist die Chance, Vertrauen aufzubauen. Auch von unten nach oben.

Als Führungskraft bin ich auf das Vertrauen meiner Angestellten angewiesen. Ein Schiffskapitän, der eine Richtung vorgibt, wird gegen eine rebellierende Mannschaft scheitern, die glaubt, dass das nicht die richtige Idee ist. Die Mannschaft soll folgen. Jedoch muss es auch möglich sein, Zweifel gegenüber der Führungskraft äußern zu können. Dafür braucht es psychologische Sicherheit. Dieser Begriff wurde von der Harvardprofessorin Amy Edmondson in den 1990er-Jahren kreiert.[122] Er bezeichnet die Überzeugung, dass das Arbeitsumfeld vor zwischenmenschlichen „Risiken" sicher sein muss. Wenn Menschen sich trauen, ihre Meinung zu teilen und Fehler zuzugeben, hat das direkten Einfluss auf die Performance des Teams. Menschen sollten davon überzeugt sind, dass sie zwischenmenschliche Risiken eingehen können, indem sie Fragen stellen, kritisieren oder anderer Meinung sind. Aus einem solchen Verhalten sollten keine negativen Folgen, Sanktionen oder Strafen folgen. Im Gegenteil. Das Einbringen anderer Aspekte sollte als wertvoll erachtet werden. Doch in vielen Teamkonstellationen besteht eben kein Vertrauen darin, dass das Verlassen der Konsensebene ohne Folgen bleibt. Teams mit hoher psychologischer Sicherheit gehen offener mit Fehlern um, arbeiten lösungsorientierter und erzielen grundsätzlich bessere Ergebnisse. Dinge müssen angesprochen werden können. Zweifel, Argumente und Kritik helfen, Prozesse zu verbessern. Doch dafür braucht es Führungspersonal, das das fördert und auch vorlebt. Es muss eine Arbeitsatmosphäre schaffen, in der man angstfrei und voller Vertrauen miteinander umgehen kann.

Oliver Glasner trainiert alles mit Ball, es gibt kaum Läufe bei ihm. Als er in Wolfsburg arbeitete, äußerte ein Spieler Bedenken an diesem Vorgehen. Glasner antwortete: ***Vertrau mir, überall, wo ich war, waren wir eine der fittesten Mannschaften.*** Was passierte danach? ***Er sah dann, dass wir fit wurden. Aber wenn es Bedenken gibt, dann ist es wichtig, dass du mit den Spielern*** *sprichst. Es ist ja gut, wenn jemand seine Bedenken sagen kann. Ich finde das wichtig, denn dann muss man überzeugen. Wichtig ist es mir, Rückmeldungen zu bekommen, denn nur so kann ich intervenieren,*[123] sagt Glasner. Die Spieler müssen sich trauen und der Dialog muss gelebt werden. Es gibt genügend Vorgesetzte, die behaupten, ihre Tür stünde jedem jederzeit offen, ebenso wären sie selbst offen für Sorgen, Nöte und Kritik. Doch im Fall des Falles stellt sich genau das Gegenteil heraus und Kritikübende sehen sich mit negativen Folgen konfrontiert.

Ewald Lienen zeichnet zum Thema Feedback ein passendes Bild, indem er den Trainer mit einem Piloten eines Flugzeugs auf einem langen Interkontinentalflug vergleicht: *Die Reise ist lang, der Kurs klar und doch gibt es immer wieder Turbulenzen, Wetterkapriolen oder Schäden, die Einfluss auf den Flugverlauf haben. Wichtig für den Piloten dabei: Die Rückmeldung seiner Instrumente, um für den eingeschlagenen Kurs gegebenenfalls Anpassungen vorzunehmen. Das, was die Instrumente für den Piloten sind, ist das Feedback für den Trainer. Es dient der Kontrolle und Rückkopplung. Wie habe ich das Verhalten der Spieler wahrgenommen und erlebt? Wie kommen meine Maßnahmen und Vorgaben bei der Mannschaft an? Sind wir auf dem richtigen Weg? Welche Hinweise gibt es dafür, dass man vom Kurs abgekommen ist?*[124] Dieser Vergleich zeigt: Die Führungskraft braucht unbedingt das Feedback seiner Mitarbeitenden, doch bis eine solche Feedbackkultur eingeführt ist, braucht es einen intensiven Aufbau von Vertrauen.

Toni di Salvo war mit der deutschen U-21-Mannschaft einmal in England. Er hatte ein Training für den Nachmittag angesetzt. Es entstand eine gewisse Unruhe in der Mannschaft. Irgendwann kam ein Spieler zu ihm und schlug vor, am Morgen zu trainieren, damit man am Nachmittag einen Kaffee trinken gehen könnte. *Solche Sachen wären vor 20 Jahren niemals passiert, dass ein Spieler auf den Trainer zugeht und solche Sachen äußert. Wenn Spieler so kommen, dann zeugt das davon, dass man eine Atmosphäre von Vertrauen zwischen Mannschaft und Trainer hat,*[125] sagt der Deutschitaliener.

Jedoch darf eine solche Vertrauensebene nicht nur von oben nach unten oder von unten nach oben gegeben sein, sondern muss auch innerhalb eines Teams existieren. Ein Beispiel zum Schluss: Die deutsche Frauennationalmannschaft unter Trainerin Silvia Neid hatte keine gute Ausgangsposition vor der Europameisterschaft in Schweden 2013. Sechs, sieben Stammspielerinnen waren verletzt und mussten zu Hause bleiben. Neid war gezwungen, den Kader mit Spielerinnen aus der U-20-Nationalmannschaft aufzufüllen. Es war also eine große Mischung zwischen erfahrenen und jungen Spielerinnen, die allerdings alle einen tollen Job machten. Sie schafften es nach einem Sieg im Halbfinale gegen Schweden sogar ins Finale. Wenige Tage vor dem Endspiel ordnete Trainerin Neid ein Torschussspiel „Alt gegen Jung" an. *Mir kam dann in den Sinn, dass der Verlierer am Abend eine kurze Präsentation machen sollte, wo Worte wie Mut, Respekt und Zusammenhalt erklärt werden sollten,*[126] erzählt Neid. Mannschaft „Jung" verlor und musste nach dem Abendessen präsentieren. *Das war das Beste, was ich je in meiner Karriere erlebt habe*, so Neid. Die jungen Spielerinnen hatten einen Kugelschreiber zur Hand genommen und ihn auseinandergeschraubt. Sie erklärten anhand des Stifts, wie Zusammenhalt geht. Die Mine könne nur funktionieren, weil es eine Feder gibt, die der Mine Halt und Bewegung verleihe. Die Botschaft: Es geht eben nur zusammen und dass das eben auch für das eigene Team gelte. *Da war ich begeistert und stolz*, erzählt Neid. *Nadine Angerer war damals unsere Torfrau und eine wichtige Führungsperson. Und die jungen Spielerinnen sagten: „Wir sind so stolz darauf, mit dir in einer Mannschaft spielen zu dürfen und wir sind so stolz, dass du unsere Torfrau bist.*" Sie sagt heute: *Der Abend war der Grundstein für den EM-Erfolg. Ein Gänsehautmoment, ich hatte Tränen in den Augen. Von diesem Moment an hatten wir so viel Vertrauen und Spaß. Es war genial.* Danach schlug Deutschland Norwegen im Finale und wurde Europameister.

Diese Geschichte zeigt, was ich auch als Erfahrung aus vielen Teamworkshops bestätigen kann: Der Zusammenhalt in einem Team kann durch Momente des Vertrauens unglaublich gestärkt werden. Natürlich kann man Teamevents organisieren, zum Beispiel in die Berge gehen und gemeinsam den Gipfel bezwingen. Solche Teambuildingmaßnahmen haben auch ihre Wirkung. Jedoch schweißen persönliche Gespräche, der Austausch bewegender Details aus dem Leben der Kolleginnen und Kollegen, wertschätzende und berührende Momente im Miteinander ebenso zusammen wie auf einen Berggipfel zu steigen. Ich habe selbst als Spieler Momente erlebt, in denen wir als Mannschaft zusammenrückten, weil wir uns alle besser kennenlernten, weil ich etwas über die Hintergründe meiner Spielkameraden erfuhr, ihre Motivation und ihren Antrieb ganz anders verstand.

Vertrauen innerhalb eines Teams ist ein großer Erfolgsfaktor. Und als Führungskraft muss ich auch darauf achten, dass es immer wieder Möglichkeiten im Team gibt, sich auf einer nichtberuflichen Ebene zu begegnen, um Vertrauen zu fassen.

DIE DREIERKETTE FÜR

VERTRAUEN

LEITSATZ

Wer Menschen zu etwas antreiben will, braucht ihr Vertrauen.

DAS KÖNNEN FÜHRUNGSKRÄFTE VON ERFOLGREICHEN TRAINERN LERNEN

Sie wertschätzen das, was war und ist, bevor sie Veränderungen vornehmen. Sie übertragen Verantwortung auf ihre Spieler, schützen sie vor Kritik. Sie vertrauen auf Führungsspieler, die ihr verlängerter Arm sind. Sie geben ihren Spielern Freiräume, damit sie ihre Stärken und Eigenheiten ausleben können, und stärken die Spieler so, dass sie allein „laufen" können. Sie sorgen für eine psychologische Sicherheit in ihrer Gruppe, damit auch andere Meinungen und Sichtweisen zum Tragen kommen. Sie wissen, dass das Team Momente braucht, in denen die Mitglieder Vertrauen fassen können.

DREI GUTE FRAGEN

Lasse ich andere Meinungen zu?
Habe ich Vertrauen darin, dass die Dinge auch ohne mich gut laufen?
Übertrage ich gerne Verantwortung?

WOHLWOHLLEN

„Wenn der andere den Fehler gemacht hat, dann muss ich als sein Freund im Rücken da sein, dass er das Gefühl hat: ‚Ich bin für dich da.' Da ist jeder aufgefordert."

MARKUS GISDOL

Im November 2020 spielte Gernot Rohr mit Nigeria in einem Qualifikationsspiel zur Afrikameisterschaft zu Hause gegen Sierra Leone. Das Spiel endete 4:4 und der Unmut in dem fußballverrückten Land war groß. Der nigerianische Torwart Madouka Okoye, in Düsseldorf geboren, wurde als Hauptschuldiger ausgemacht. Ihn vor der Mannschaft zu kritisieren, kam für Rohr aber nicht infrage. ***Vor den Spielern kritisiere ich nur die Mannschaft kollektiv, aber nicht individuell,***[127] sagt Rohr. Er nahm den Deutschnigerianer also zur Seite und sagte ihm: „***Hör mal Madouka, du hast vier Stück bekommen. Gerade beim ersten Tor hättest du das besser machen können. Aber wenn ich dich vor dem Rückspiel rausnehme, dann heißt es, du bist der Schuldige für das 4:4. Für mich ist es vielleicht einfacher, einen Schuldigen zu finden, aber ich glaube, du bist nicht der Schuldige, und zweitens bin ich nicht da, um meine eigene Position zu retten, sondern um die Mannschaft weiterzuentwickeln.***" Rohr schenkte ihm fürs Rückspiel erneut das Vertrauen. ***Und da hat der Junge ein tolles Spiel gemacht, kein Tor bekommen und mir bestätigt, dass man den Leuten manchmal eine Chance geben muss,*** so Rohr.

Gernot Rohr, dessen Vita mit Meisterschaften beim FC Bayern und Girondins Bordeaux als Spieler und Trainerstationen auf der ganzen Welt ein eigenes Buch füllen könnte, hat Wohlwollen zum Grundprinzip seines Führungsverhaltens gemacht. Vielleicht geht es auch gar nicht anders, wenn man wie er seit knapp 15 Jahren auf dem afrikanischen Kontinent als Nationaltrainer arbeitet. Ich glaube, dass seine wohlwollende Art einer der Erfolgsfaktoren für den allseits beliebten Rohr ist.

Als er mit Girondins Bordeaux 1996 im Viertelfinalhinspiel des UEFA-Cups beim übermächtigen AC Milan mit 0:2 verloren hatte, fuhr er zur Vorbereitung des Rückspiels an das wunderschöne Cap Ferret am Atlantik. Der Trainer dachte sich: Die Spieler haben zuletzt genug Mist erlebt, die brauchen nicht noch mehr Druck und Stress, sondern genau das Gegenprogramm. „Wir aßen Austern und trainierten am Strand", erinnert sich sein Spieler Bixente Lizarazu an die ungewöhnliche Maßnahme. Wir haben uns lockergemacht und sind so den Druck losgeworden. Gernot Rohr hat das prima gemacht,[128] so der Weltmeister von 1998. Die Italiener hatten Stars wie Donadoni, Weah, Maldini, Desailly, Vieira und Baggio in ihren Reihen, verloren aber das Rückspiel in Bordeaux mit 0:3 und flogen aus dem Wettbewerb. Die lockere, positive und zugewandte Art Rohrs hatte also Früchte getragen.

Es kann helfen, in gewissen kritischen Situationen genau das Gegenteil von dem zu tun, was erwartet wird. Manchmal braucht es das Gegenteil von Druck, um Rahmenbedingungen zu schaffen, unter denen das Potenzial abgerufen werden kann. Eine Haltungsfrage, so sieht das auch Marco Rose: ***Du selber bist ja auch ein Mensch und hast einen Anspruch, wie mit dir umgegangen werden soll und was du erwartest, um dich wohlzufühlen. Dementsprechend solltest du versuchen, das auf deine Mannschaft zu übertragen. Da geht es vor allem darum, eine gute Arbeitsatmosphäre zu schaffen, einen gewissen Wohlfühl-***

faktor, aber nicht im Sinne: Wir alle haben uns lieb, sondern es geht immer um Leistungsorientierung, um Ergebnisse.[129]

Wohlwollen ist für mich eine positive Grundhaltung, bei der man anderen Menschen mit Verständnis und Nachsicht gegenübertritt. Wohlwollende Menschen, so habe ich es erlebt, sind nicht so streng, interpretieren eher positiv als negativ und lassen auch andere Meinungen zu. Das Wörterbuch erklärt die Bedeutung mit „freundschaftlicher Gesinnung“. Das drückt es ganz gut aus. Im Wohlwollen liegt großer Altruismus. Bin ich so gepolt, bin ich am Wohlergehen anderer interessiert, trotz großer Ziele. Die sind zwar wichtig, aber sie sollen so erreicht werden, dass es allen dabei gut geht. Im Unterschied zur Empathie zeigt sich Wohlwollen in konkreten Handlungen, um das Wohlbefinden anderer Menschen zu fördern. Man versteht also nicht nur die Gefühle anderer, wie bei der Empathie, sondern richtet sein Handeln auch danach aus, um für positive Unterstützung zu sorgen. Man will im Miteinander das Beste und trägt auch dazu bei.

Wenn Führungskräften klar ist, dass sie den Alltag der Mitarbeitenden mit einigen Entscheidungen angenehmer gestalten könnten, stellt sich die Frage, warum viele das nicht in die Tat umsetzen. Sind es fest verankerte, aber veraltete Glaubenssätze wie „Nur die Harten kommen in den Garten“ oder „Es muss auch wehtun“, die sie dazu antreiben? Oder schlechte Erfahrungen, als das eigene Wohlwollen von der anderen Seite ausgenutzt wurde?

Sandro Wagner sagt selbst über sich, dass er *viel Struktur*[130] in seiner Arbeit brauche. Das heißt, dass er sehr detailliert die Wochen im Vorhinein vorbereitet. *Im November hatte ich schon jedes Training bis zum Februar durchgeplant*, erzählt Wagner aus seiner Zeit in Unterhaching. Der Vorteil für seine Spieler: *Die Jungs kriegen Pläne, was wir wann am nächsten Tag trainieren, warum wir was trainieren und wie lange*, erzählt Wagner. ***Sie kriegen aber auch Monatspläne. Damit sie planen können mit ihren Familien, ihre Arzttermine, Kindergartentermine.*** Für Wagner ist das ein Baustein, damit die Spieler ihren Alltag besser gestalten können und so mit einer guten Energie ins Training kommen. ***Ich hatte Trainer, die haben mir heute gesagt, wann morgen Training ist. Das ist absoluter Irrsinn heutzutage,*** findet der Ex-Stürmer. ***Wenn du eine Familie hast, nicht zu wissen, wann du deine Kinder abholen kannst, das ist Quatsch.*** Wagner leitet mit einer wohlwollenden Haltung an und diese Herangehensweise hat ihm nicht geschadet. Er konnte auf eine tadellose Beziehung zum Team schauen und stieg unter schweren äußeren Bedingungen von Liga 4 in Liga 3 auf.

Doch als Chef einer Abteilung, eines Teams muss ich ein Stück weit erst einmal die Lebenssituationen wichtiger Mitarbeitender herausfinden. Hat jemand ein Kind mit Behinderung zu betreuen? Wohnt jemand 150 Kilometer weit weg? Hatte jemand bereits selbst einmal eine Führungsposition inne? Es gilt, sich für andere zu interessieren, um im zweiten Schritt wohlwollend agieren zu können. Thomas Schaaf sieht das genauso und hat diesen Gedanken treffend ausformuliert: ***Wir alle werden ja geprägt von klein auf, mit unseren Erlebnissen und Verhältnissen, die wir vorfinden. Aus dem, was ich erlebe, entstehen ja auch Bedürfnisse, entstehen auch Situationen, wie man sich weiterhin bewegen möchte. Die Grundlagen sind aber in dem Leben vorher. Und das gilt es herauszufinden: Was hat der Einzelne bisher getan? Wie hat sein Leben ausgesehen? War er behütet? War er stets umsorgt? Musste er sich freikämpfen? Musste er ein eigenes Leben entwickeln? Danach richtet sich aus: Was will er weiterhin erleben? Was steht für ihn in seinem persönlichen Ranking ganz oben? Was will er unbedingt haben? Und worauf kann er sich einlassen?***[131] Mit all diesen Informationen im Gepäck kann ich mich viel besser darauf einlassen, welche Rahmenbedingungen meine Mitarbeitenden brauchen, um zu performen.

Es ist angenehm, mit wohlwollenden Menschen zusammen zu sein, denn sie sind am Menschen interessiert. In den letzten Jahren hat diese Tugend auch Einzug in die Leadership-Welt unserer Zeit gehalten und man begegnet zunehmend mehr Vorgesetzten, die Initiativen der Mitarbeitenden fördern, die auch mal ein Auge zudrücken, die positiv denken und aktiv fördern. Für viele Mitarbeitende ist erfolgreiches, effizientes und potenzialorientiertes Arbeiten mittlerweile nur in einer wohlwollenden Arbeitsatmosphäre akzeptabel. Kein Wunder: Im Modus des Wohlwollens will der Chef eben das Wohl, das Gute. Für den Einzelnen, aber vor allem für das Team. Das steht über allem. Deshalb ist es oftmals einfach so, dass man zum Wohl der Gruppe Entscheidungen trifft, die sich für den einen oder anderen persönlich gar nicht so toll anfühlen. Doch kann man den „wohlwollenden" Charakter einer Entscheidung für das Gesamtteam erkennen, lassen sich etwaige persönliche Nachteile viel besser verschmerzen.

Im richtigen Maß ist die Eigenschaft des Wohlwollens ein absolutes Qualitätsmerkmal für erfolgreiche Führung. Es impliziert großes Vertrauen in andere, was diesen eine gewisse Freiheit einräumt, da der wohlwollende Chef die Haltung einnimmt, seine Mitarbeitenden wüssten schon, was zu tun ist. Er räumt ihnen einen Vertrauensvorschuss ein und respektiert ihre Grenzen. Er lässt sie machen – und das fördert die Beziehungsqualität.

Eine wohlwollende Führungskraft hat aber auch ein Gespür dafür, wenn Präsenz gebraucht wird, wenn Dinge nicht so laufen. Es hilft manchmal, das eigene Team nach einem Misserfolg vielleicht zum Essen einzuladen, statt eine Standpauke zu halten. Voraussetzung dafür ist aber, dass der Teamleiter anerkennt, was sein Team geleistet hat, und mitempfindet, wie es den Teammitgliedern ergangen ist.

Wohlwollen kann stabilisieren und beflügeln, wenn man als Führungskraft wirklich daran interessiert ist, dass es jedem Einzelnen gut geht. Nicht der eigene Erfolg steht auf der Agenda, sondern der Erfolg aller Mitglieder. Viele Führungskräfte lassen Mitarbeitende bei Misserfolg zu früh fallen, sind ungeduldig und zeigen wenig Interesse daran, wie der Mitarbeitende selbst mit dem Scheitern umgeht. Wohlwollen für andere zu hegen heißt auch, vom eigenen Ego Abstand zu nehmen, sich selbst nicht so wichtig zu nehmen und die eigenen Emotionen beiseitezuschieben.

Frank Wormuth war Co-Trainer von Joachim Löw, als der eine Saison lang bei Fenerbahçe Istanbul arbeitete. Was Wormuth besonders von Löw lernte, war dessen Art, sich zurückzunehmen: ***In Situationen, wo ich wie ein Elefant durch den Porzellanladen gelaufen wäre und dadurch natürlich auch Leichen hinterlassen hätte, hat er immer noch – trotz Emotionen – die Ruhe vor der Mannschaft bewahrt und dem Spieler auch noch positiv was mitgeteilt, was eigentlich negativ war,***[132] erzählt Wormuth. Eine Grundhaltung, dank der man versucht, den anderen gut aussehen zu lassen, und darauf vertraut, so das Beste aus jeder Situation zu machen. Bereit zu sein für Kompromisse und nicht auf Teufel komm raus den eigenen Standpunkt durchzusetzen. Gerade, wenn ich auf einer höheren Ebene mit wichtigen Stakeholdern zusammenkomme, kann es hilfreich sein, die Meinung anderer zu akzeptieren und offen für einen Kompromiss zu sein. Während seiner Zeit auf Schalke hatte Mirko Slomka mit Andreas Müller einen meinungsstarken Manager an seiner Seite. ***Natürlich hatten wir Konflikte. Natürlich hatten wir unterschiedliche Meinungen.***[133] Wie ging Slomka damit um? ***Man muss Dinge abwägen, was einem persönlich wichtig ist, und dann versuchen, das durchzusetzen oder zumindest eine Position zu erlangen, wo beide gewinnen können,*** sagt er. Für ihn war der Idealfall, wenn Müller und er aus einer

Diskussion beide als Gewinner hervorgegangen waren. ***Eine große Stärke eines Leaders kann auch mal sein nachzugeben, wenn ich weiß, dass das für mein Gegenüber total wichtig ist. Ich gebe nach, um vielleicht an einer anderen Ecke etwas anderes durchzusetzen.*** Man muss nicht immer jede Schlacht gewinnen; für ein gutes Miteinander auf Entscheidungsebenen kann der Leader auch mal an Stellen, die ihm nicht ganz so wichtig sind, generös die Idee anderer miteinbeziehen.

In der Rolle des Wohlwollenden habe ich das ganze System im Blick, nicht nur mich selbst. Auf andere Vorschläge mit Wohlwollen zu reagieren, zeugt auch von innerer Stärke. Das Problem der Alleinherrschenden ist, dass sie aufgrund ihrer Art nicht das ganze Potenzial der Gruppe nutzen, denn dafür braucht es Offenheit und das Bedürfnis, andere fördern zu wollen. Gibt es noch Maßnahmen, Aspekte, die mir bisher nicht eingefallen sind, aber vielleicht anderen? Habe ich das ganze System durchleuchtet oder gibt es irgendwo dunkle Stellen? Silvia Neid suchte beispielsweise immer den Kontakt zu ihren unzufriedenen Spielerinnen. Ihre Frage: Was brauchst du? ***Die Spielerin kommt ja auch ins Grübeln und denkt nach: „Ja, was brauche ich eigentlich?" Wenn sie sagt: „Ich bin unzufrieden, weil ich nicht unter den ersten elf bin", ist das eine Sache, aber wenn man fragt: „Was brauchst du? Was erwartest du von mir? Wie kann ich dir helfen?", dann wird es ein Miteinander, dann tut es der ganzen Mannschaft gut,***[134] sagt sie. Kollege Stephan Lerch sieht das genauso: ***Ich finde es unheimlich wertvoll, zu bestimmten Themen die Spieler zu befragen: „Wie habt ihr es wahrgenommen?" Ich habe viel gelernt aus den Analysen der Spielerinnen in Wolfsburg.***[135]

Dieser wohlwollende Führungsstil unterstützt eine offene Kommunikation. Die Spieler fühlen sich durch die Fragen eher bereit, ihre Ideen, Anliegen und Bedenken zu teilen und bekommen das Gefühl, dass der Trainer aufmerksam ist und sie unterstützen will. Zu Aufmerksamkeit und Interesse gehört es sicherzustellen, dass man auch richtig verstanden wurde. Für mich hat das auch etwas mit Wohlwollen zu tun: Haue ich einfach mal was raus und schere mich nicht darum, wie mein Gegenüber das verstanden hat? Oder gehe ich einen echten Dialog ein? ***Eines der größten Probleme, die wir im Zusammenleben haben, ist, dass jemand was sagt und dann stillschweigend davon ausgeht, dass das bei dem anderen so angekommen ist, wie man das gemeint hat,***[136] meint Ewald Lienen. Leider ist das nur in den seltensten Situationen der Fall. Denn Kommunikation wird von Gesprächspartnern fast immer unterschiedlich erlebt. Eine meiner Grundregeln, die ich in Workshops immer weitergebe: Es ist nicht wichtig, was A zu B sagt, sondern das, was bei B ankommt! Allein das ist entscheidend. Doch diese Unterscheidung stellt, wie Lienen richtig sagt, ein echtes Problem im Miteinander da. Deshalb sollte ich immer überprüfen, auf welchem „Ohr" mein Gesprächspartner gerade zugehört hat. Wie interpretiert er beispielsweise den Satz: „Sie gehen heute früh nach Hause"? Hört er Kritik (Beziehungsebene) daran, dass er früher geht? Nimmt er nur die Sachinformation wahr (Aha, es ist früh.)? Hört er einen Appell (Bleiben Sie doch länger!)? Oder hört er meinen Wunsch, dass ich selbst auch gern früher nach Hause gehen würde (Selbstoffenbarungsebene)? Mit einer wohlwollenden Haltung bin ich daran interessiert, dass mein Gegenüber meinen Satz so wahrnimmt, wie ich ihn auch gemeint habe. Das sicherlich bekannte Sender-Empfänger-Modell von Friedemann Schulz von Thun[137] ist dabei sehr hilfreich.

Eine wohlwollende Kommunikation gibt also anderen die Möglichkeit für Rückmeldungen, sie sichert uns ab, wie unsere Mitteilungen angekommen sind. Ein anderer wichtiger Faktor ist Lob. Sind Führungskräfte in der Lage, Lob angemessen und glaubhaft anzumerken, hat das positive Auswirkungen auf das Arbeitsklima, die Motivation und die Beziehungsqualität. Ewald

Lienen glaubte als Trainer lange, dass Spieler nicht auf positive Rückmeldungen angewiesen seien. Bis zu dem Tag, als er beim 1. FC Köln arbeitete und ein Spieler zu ihm kam und ihm aufgrund fehlender positiver Rückmeldung unterstellte: ***„Ich habe das Gefühl, dass Sie mich nicht mögen.“***[138] Lienen fiel aus allen Wolken, veränderte fortan seine Kommunikation. Er hatte einen wertvollen Hinweis erhalten. ***Da fängst du an nachzudenken***, so der Trainer.

Wohlwollen muss auch und gerade unter den Spielern, innerhalb eines Teams gesät werden. Es braucht die „freundschaftliche Gesinnung“ der Teamkollegen, wenn Fehler gemacht werden oder jemand aus dem Team Unterstützung braucht. Für Markus Gisdol ist es deshalb wichtig, dass man aufhört, ***fehlerschlau zu sein.***[139] In einem Ambiente, in dem andere nur darauf warten, dass ein Fehler passiert oder danach stundenlang darüber herziehen, kann sich kein Teamgeist entwickeln. Im Gegenteil, eine solche Haltung ist kontraproduktiv. Als Teamleitung ist gegen ein solches Verhalten mit Härte vorzugehen. ***Fingerpointing*** nennt das Gisdol. Es geht um einen wohlwollenden Umgang mit Fehlern – im Team. Es braucht die Haltung, dass das jedem passieren könne. Alles nicht so schlimm. ***Wenn der andere den Fehler gemacht hat, dann muss ich als sein Freund im Rücken da sein, dass er das Gefühl hat, ich bin für dich da. Da ist jeder aufgefordert***, so Gisdol.

Am Ende geht es ums Rückenstärken, um Rückenwind, einen Steigbügel usw. – es gibt zig Bilder, um zum Ausdruck zu bringen, dass man den anderen stärken möchte. Peter Neururer ist ein ausgesprochenes Talent beim Rückenwindgeben: ***Christoph Kramer sagte mal über mich: „Scheißegal, was der für ein Typ ist. Der hat mich so lang starkgeredet, der hat von Weltklasse gesprochen, bis ich mich plötzlich genauso gefühlt und letztlich so gespielt habe.“***[140] Doch Neururer hat sein Wohlwollen nicht nur mit allgemeinen positiven Sätzen zum Ausdruck gebracht, sondern hat dem Spieler seine Stärken veranschaulicht, sie greifbar gemacht und dadurch das Selbstvertrauen des Spielers ausgebaut. ***Jeder Spieler hat irgendwo eine Stärke und die muss dominant werden. Nicht einfach labern,*** so Neururer. Grundsätzlich hilft es, eher das zu thematisieren, was gut ist, was funktioniert, und das Negative am Rande zu streifen. Auch das kann Menschen in Krisen helfen. Das Wertschätzen von kleinen Erfolgen. Das schrittweise Vorangehen. Wenn Markus Gisdol zu seinen Teams kam, die sich in Abstiegsgefahr befanden, war das stets sein Prinzip. ***Nicht den Spielern Ziele aufsetzen, die sie nicht erreichen können. Kleinste Dinge wertschätzen. Wenn du vor dem Spiel in die Kabine reingehst und sagst: „Wir müssen heute zu null spielen", dann ist das ist ein impotentes Ziel. Das ist eine Katastrophe,*** betont der Coach. ***In der zweiten Minute macht einer ein Tor und dann ist alles weg. Das Einfache wertzuschätzen, den einfachen Ball, einfache Dinge, die jederzeit erreichbar sind. Du musst es schaffen, dass die Spieler wieder Selbstvertrauen haben, Zutrauen zu sich selbst gewinnen. Das ist das Allerwichtigste.***[141] Und das schafft man, indem man die Erreichbarkeit von Zielen möglich macht und den Blick auf die kleinen Erfolge lenkt.

Eine positive Grundhaltung hilft dabei. Dankbar zu sein, das zu tun, was man in einer Führungsrolle tun darf. Mit Spaß und Freude an die Arbeit zu gehen, erhöht die Möglichkeit, Wohlwollen zu empfinden. So wie es Hans Meyer ausdrückt: ***Ich bin als Trainer immer früh aufgewacht und habe mich auf das Training, auf die Jungs, auf die Probleme, die gekommen sind, gefreut. Das kann man nur jedem auf der Welt wünschen, dass er diesen beruflichen Teil, diesen wichtigen Teil in seinem Leben ähnlich empfindet.***[142]

DIE DREIERKETTE FÜR WOHLWOLLEN

LEITSATZ

Wohlwollen schafft ein positives Klima, in dem Höchstleistungen möglich sind.

DAS KÖNNEN FÜHRUNGSKRÄFTE VON ERFOLGREICHEN TRAINERN LERNEN

Sie gehen immer vom Positiven aus, lenken den Blick darauf, was funktioniert. Sie schätzen die kleinen Erfolge und wollen Ziele erreichen, indem sich jeder einbringen kann. Sie sind daran interessiert, dass es allen gut geht und dass die Spieler wissen, dass sie ihnen nichts Böses wollen. Sie zeigen Interesse an jedem Einzelnen, wollen genau wissen, mit wem sie es zu tun haben, um die Bedingungen für Erfolg zu verbessern. Sie gehen oftmals in Vorleistung und vertrauen darauf, dass ihnen das zurückgezahlt wird. Ihr grundsätzlicher Umgang ist sehr menschlich geprägt.

DREI GUTE FRAGEN

Was brauchst du von mir?
Glaube ich an das Gute im Menschen?
Sehe ich Dinge eher positiv oder negativ und wieso ist das so?

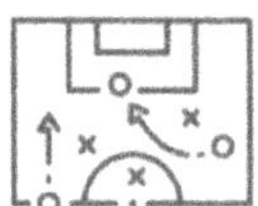

3
PERSÖNLICHKEIT

Es war Ende April 2023. Ich war auf dem Weg nach Lörrach, um dort einen der erfolgreichsten Trainer im europäischen Fußball zu treffen: Ottmar Hitzfeld. Wie ich überhaupt die Gelegenheit bekam, den 74-jährigen Erfolgscoach zu interviewen, ist eine Geschichte für sich. Ich war Hitzfeld vor vielen Jahren bei einigen Presserunden im Zusammenhang mit seiner Tätigkeit als Experte für den Pay-TV-Sender Sky begegnet. Da ich ihn zu meiner Zeit als Fußballreporter hin und wieder anrufen musste, hatte ich noch seine Nummer. Ich schrieb ihm Anfang April eine längere WhatsApp-Nachricht und fragte, ob er für mein Buchprojekt in Sachen LEADERTALK Zeit hätte. Seine Nachricht kam umgehend: eine sehr freundliche Absage. Doch allein die Tatsache, dass dieser Mann sich Zeit dafür nahm, beeindruckte mich. Ottmar Hitzfeld hatte Stil und Klasse. Ich hatte viele andere, weit weniger prominente Trainer schon erlebt, die sich gar nicht die Mühe machten, ihre Absage förmlich mitzuteilen. Ich wollte aber nicht so einfach aufgeben und schrieb eine zweite Nachricht, in der ich versuchte, ihn mit Herzblut von meinem Projekt zu überzeugen, deutlich machte, welchen Mehrwert ein Gespräch mit ihm für das Buch hätte und wie sehr er damit mein kleines Projekt unterstützen könnte. Und? Er sagte zu.

Als ich an besagtem Tag pünktlich im verabredeten Hotel Stadt Lörrach einlief, war Ottmar Hitzfeld schon da. Vor ihm ein paar handgeschriebene Blätter zum Thema Führung. Der Champions-League-Sieger von 1996 und 2001 hatte sich sogar vorbereitet. Mehr Wertschätzung ging nicht. Es wurde ein fantastisches 40-minütiges Gespräch über Führung und Leadership, bei dem wir Cappuccino tranken. Am Ende des Gesprächs kamen wir zu einem kritischen Thema, dem Burnout des Trainers im Jahr 2004. Hitzfeld sparte das Sujet nicht aus. *Sechs Jahre Bayern war zu lange. Ich hatte viel Kraft verloren und spürte es. Auch die Mannschaft spürt das, wenn der Trainer von der Energie her nachlässt. Die innere Stimme sagte schon: „Hör auf!" Aber ich hatte in dem Moment nicht mehr die Kraft und ließ es laufen. Ich hatte dann den Burnout und dachte, ich werde nie mehr Trainer. Ich war 55, es war eine grenzwertige Erfahrung. Professor Florian Holsboer aus München half mir, gab mir Medikamente. Ich hatte viele Gespräche, das half mir sehr. Darum habe ich dann auch 2014, als die Schweizer verlängern wollten oder auch 2008, als ich zu den Bayern zurückgekommen war und das Double geholt hatte, gesagt: „Nein, fertig!" Ich hatte Angst, nochmal in die Situation zu kommen.*[143] Mich berührte diese Offenheit sehr.

Wieso ich diese Episode so ausführlich erzähle? Weil jedes Detail, jeder Satz aus dieser Geschichte, die Haltung und das Auftreten Ottmar Hitzfelds als leuchtendes Beispiel dafür stehen, was eine Persönlichkeit ausmacht, nämlich: Authentizität, Glaubwürdigkeit und Präsenz in Verbindung mit einem gewissen Status – alles wichtige Eckpfeiler für Persönlichkeit oder auch Charisma, wie wir es manchmal nennen.

Wie fühlt sich das an, wenn man jemanden charismatisch findet? Was passiert dann mit uns, wenn wir Persönlichkeiten begegnen? Wir genießen deren Gegenwart. Wir arbeiten für ihre Anerkennung und wir wollen von ihnen gesehen werden. Wir drehen uns nach ihnen um. Wir wollen ihnen gerne helfen. Diese Menschen wirken interessant und wir hören gerne zu. Und wir akzeptieren es bei solchen Menschen eher, wenn sie mal Grenzen übertreten, ob emotional oder inhaltlich. Persönlichkeit hilft gerade im beruflichen Umfeld: um mehr Geld zu verdienen, um bessere Leistungsbewertungen zu erhalten, um schneller als natürliche Autorität wahrgenommen zu werden. Es hilft auch, dass die Mitarbeitenden bessere Leistungen abliefern, weil sie gemeinhin ihre Arbeit unter einer charismatischen Führungspersönlichkeit als sinnvoller erachten.

Was bedeutet aber das Wort „Charisma" in diesem Zusammenhang? Der Begriff „Charisma" stammt aus der christlichen Lehre und bezeichnete im Neuen Testament eine „vom Heiligen Geist bereitgestellte Gnadengabe für den von Gott gesegneten Menschen". Es handelte sich im ursprünglichen Sinne um ein „Geschenk" Gottes an Gläubige, damit diese auf eine besondere Art und Weise die christliche Lehre weitertrugen. Erst seit dem 20. Jahrhundert hat Charisma eine allgemeinere Bedeutung und steht für eine besondere Ausstrahlung einer Person. In diesem Kontext glauben viele, dass Charisma angeboren wäre. In der Tat gibt es Menschen, die über eine solche Ausstrahlung verfügen – einfach so. Bei ihnen ist das tatsächlich mehr oder weniger angeboren, sie müssen sich keine Gedanken darüber machen, wie sie auf andere wirken. Doch die anderen? Haben die einfach Pech gehabt? Nein! Denn eine charismatische, eine starke, anziehende Persönlichkeit kann man auch werden. Es gibt Momente oder Phasen im Leben, in denen sich das Charisma verändern kann.

Gerade Trainern gelingt es oftmals, mit den Jahren zunehmend charismatischer zu wirken. Schauen wir uns einen Jupp Heynckes an, auch Jürgen Klopp hat eine Entwicklung hinter sich, ebenso Jogi Löw und viele andere. Es scheint also, dass das Ganze auch etwas mit Erfahrung zu tun hat. Was steckt aber dahinter? Vor allem eines: Sicherheit! Das Zutrauen in die eigenen Fähigkeiten, aber auch Zutrauen in andere. Und Gelassenheit.

Wer über einen längeren Zeitraum miterlebt hat, dass das, was man macht, erfolgreich ist und man geachtet wird, der tritt mit der Zeit anders auf. Charisma scheint also vor allem etwas mit Selbstsicherheit, guter Energie und Positivität zu tun zu haben. Und dieses Zutrauen drückt sich in einer großen Offenheit gegenüber anderen aus. Persönlichkeiten geben Dinge preis, teilen ihr Wissen und ihre Erfahrungen mit anderen – und lassen andere so für gewisse Momente Anteil an ihrem Leben haben. So wie es Hitzfeld in unserem Gespräch in Lörrach getan hat. Eine solche Geste, ein solches Verhalten ist vereinnahmend, beeindruckend und vor allem gewinnend. Darin steckt das Talent dieser Personen, nämlich andere Menschen an den eigenen Gefühlen teilhaben zu lassen. „Emotionale Ansteckung" ist eine Fähigkeit, die charismatische Menschen beherrschen. Die Kunst besteht darin, neutrale Menschen zu emotional Beteiligten zu machen. Auch Jürgen Klopp ist ein gutes Beispiel. Einer wie er beherrscht es, sich zu zeigen, seine Gefühle, seine inneren Gedanken. Das verbindet. Ich mache immer wieder aufs Neue die Erfahrung: Je mehr man von sich erzählt und sich mit tieferen Gefühlen zeigt, desto mehr Sympathie kommt einem entgegen.

Was Persönlichkeiten noch auszeichnet und was sehr wichtig ist: Präsenz. Fragen wir uns selbst: Wie sehr präsent sind wir im Alltag wirklich? Hören wir richtig zu oder sind wir teilweise von unseren eigenen Gedanken abgelenkt? Unser Gegenüber registriert es umgehend, wenn wir in einer Interaktion nicht mit 100 Prozent bei der Sache sind, denn der Mensch ist in der Lage, den Gesichtsausdruck eines anderen in 17 Millisekunden zu lesen. Fehlender Augenkontakt, abschweifende Blicke, nervöse Bewegungen: Fehlende Aufmerksamkeit steht für Unaufrichtigkeit. Sobald der Gesprächspartner so etwas wahrnimmt, ist es praktisch unmöglich, eine Verbindung herzustellen oder gar charismatisch zu wirken. Präsent zu sein heißt, alles wahrzunehmen, was im Hier und Jetzt vor sich geht. Die andere Person spürt, wenn ihr volle Aufmerksamkeit zuteilwird und sie schätzt dieses Gefühl, ernst genommen zu werden. Daher ist ungeteilte Aufmerksamkeit extrem wichtig, um eine vertrauensvolle Basis zu schaffen. Das Bedürfnis nach Aufmerksamkeit prägt uns Menschen von Kindesbeinen an.

Doch nicht nur Augenkontakt ist für gelingende, Aufmerksamkeit zeigende Kommunikation von Bedeutung. Die nonverbale Kommunikation „spricht" mehr als Worte: Laut einer Studie des Allensbach-Instituts machen Gestik und Mimik 55 Prozent der Kommunikation aus, 26 Prozent entfallen auf die Stimme und 19 Prozent auf den fachlichen Inhalt. Das Problem: Die Körpersprache unterliegt nicht zu 100 Prozent unserem Willen, sondern wird oftmals von unserem Unterbewusstsein gesteuert. Dieser Umstand ist für viele problematisch, denn unsere Körpersprache drückt unser mentales Befinden aus. Ich kann nicht zu 100 Prozent überzeugend wirken, wenn ich in mir Zweifel hege.

Charismatische Menschen reden oft Klartext, sie haben keine Angst vor Konsequenzen. Sie strahlen Unabhängigkeit und damit auch Authentizität aus. Ihre Absicht ist es eben nicht, jedermann zu gefallen. Dass sie gefallen, ist im Grunde das Nebenprodukt ihres Verhaltens. Menschen wie Ottmar Hitzfeld, Jürgen Klopp oder Hans Meyer haben auch großen Sinn für Humor, der ihnen einen gelassenen Blick auf die Welt erlaubt. Sie sind freundlich, übernehmen Verantwortung, können aber auch anecken, weil sie nicht jedermanns Freund sein müssen, dazu legen sie selbst keinen übermäßigen Wert auf Statusbehandlung. Mit das Wichtigste ist aber: Starke Persönlichkeiten fühlen sich verbunden – sowohl mit Gruppen und Gemeinschaften als auch mit einzelnen Personen.

Kleiner Exkurs:[144] Unser Körper ist in der Lage, Dinge im Außen so mitzuerleben, als würden wir sie selbst tun. Während wir also einen Vorgang betrachten, können wir die gleichen Potenziale auslösen, als sei man selbst aktiv involviert. Wir haben eine Art Simulationsprogramm. Dafür verantwortlich sind die Spiegelneuronen. Das sind Nervenzellen, die uns miterleben lassen, was ein anderer tut oder fühlt. Menschen mit einer besonderen Ausstrahlung sorgen für Bindung, indem sie den anderen spiegelneuronal Nachahmenswertes anbieten.

Es ist ein Unterschied, ob der

- Gesichtsausdruck kritisch oder lächelnd ist,
- Bewegungen fahrig oder ruhig sind,
- die Stimme herablassend oder energiegeladen klingt,
- die körperliche Haltung angespannt oder entspannt wirkt,
- der Blickkontakt vorhanden oder nicht vorhanden ist oder
- das Auftreten uninteressiert oder interessiert ist.

Das heißt, wenn du dich jemandem körperlich entspannt zuwendest, ähnliche Bewegungen machst, ein ähnliches Sprechtempo wählst, ihn anschaust und sanft nickst oder lächelst, ihm zuhörst und ihn ausreden lässt, selbst frei und entspannt atmest, die Sprache tonal freundlich gestaltest, positive Wörter verwendest usw., dann steigerst du die Wahrscheinlichkeit, andere Menschen um dich herum an dich zu binden. Ein wesentlicher Baustein, um als Persönlichkeit wahrgenommen zu werden.

GELASSENHEIT

„Wenn man die Nerven verliert, verliert man Autorität.
Die Spieler wollen geführt werden,
sie brauchen jemanden, der sie unterstützt."

OTTMAR HITZFELD

Im Mai 2022 sorgte eine Nachricht aus Kaiserslautern für Verwunderung. Der damalige Drittligist 1. FC Kaiserslautern entließ Trainer Marco Antwerpen nur wenige Tage vor den beiden wichtigen Aufstiegsspielen gegen Dynamo Dresden. Antwerpen hatte die Mannschaft immerhin auf Rang drei geführt, doch im Verein traute man ihm nicht zu, die Spiele gegen den Zweitligisten in der Relegation erfolgreich zu gestalten. Dirk Schuster übernahm das Kommando einer verunsicherten Mannschaft, die die letzten drei Saisonspiele verloren hatte, nun einen neuen Trainer vorgesetzt bekam und einen bärenstarken Gegner vor der Brust hatte. Mit einem 0:0 im Fritz-Walter-Stadion und einem Auswärtssieg in Dresden schaffte Schuster mit Kaiserslautern nach vier Jahren aber dann tatsächlich die Rückkehr in die 2. Liga. Wie war ihm das gelungen?

Für Dirk Schuster war einer der Eckpfeiler, den Spielern einen riesigen *Vertrauensvorschuss*[145] zu geben. Doch die für ihn viel entscheidendere Haltung in dieser Situation war, der Mannschaft gegenüber Souveränität an den Tag zu legen: ***Als Erstes musst du Ruhe ausstrahlen. Du musst darstellen, dass die Situation – egal, wie schwer sie ist – für dich zu meistern ist***

und du eine Lösung in der Tasche hast. Du musst zeigen, dass diese Hürde nicht zu hoch für dich ist. Selbst wenn du noch keine Lösung hast, musst du den Eindruck vermitteln, dass du eine Lösung hast, erklärt Schuster.

Gerade, wenn Menschen zweifeln, wenn sie verunsichert sind und Orientierung brauchen, ist es förderlich, Gelassenheit und Souveränität auszustrahlen. Diese „Ich weiß was ich tue"-Haltung sorgt für Vertrauen, Sicherheit und Perspektive. Wir kennen das aus der Tierwelt: In schwierigen Situationen wird das Alphatier von der Herde oder dem Rudel beobachtet und reagiert entsprechend der Signale, die sie bzw. es vom Leittier wahrnimmt. Grast die Herde weiter oder flieht sie? Greift das Rudel an oder bleibt es weiter in Lauerstellung?

Als Leader hast du in schwierigen und angespannten Situationen zu funktionieren, denn du stehst gleichermaßen unter Beobachtung. Zögern, Unsicherheit, Zweifel werden als Schwäche wahrgenommen – mit gravierenden Folgen: Autorität und Respekt nehmen ab, die Einheit bröckelt. Doch Gelassenheit braucht Glaubwürdigkeit, aufgesetzte Sicherheit fliegt auf.

Um im heftigsten Sturm in einem Unternehmen oder in einer sportlichen Krisensituation eines Profivereins die Ruhe zu bewahren und diese souveräne Sicherheit glaubwürdig zu vermitteln, müssen Anführer dies auch wirklich in sich spüren. Wer souverän ist, schert sich nur wenig um das, was im Außen passiert. Die Fehler anderer, seltsame Entscheidungen des Vorstands, kritische Stimmen in der Öffentlichkeit? Na und! Wenn du dich davon abkoppelst, es souverän auffängst und dich weiter auf deinen Weg konzentrierst, ist die Chance groß, dass Menschen in deiner Gruppe dir folgen. Umso mehr, wenn sich die ersten kleinen Erfolge einstellen. Da sich Mitarbeitende im besten Fall am Chef orientieren, sollte dieser mit gutem Beispiel vorangehen. Bleibt man selbst gelassen, bleiben es auch die Mitarbeitenden. Logisch. Dadurch sorgt man auch für Teamstabilität. Die Selbstsicherheit strahlt ab und der kühle Kopf hilft bei jeder Art Entscheidung im Krisenmodus.

Markus Gisdol hat einige Situationen kennengelernt, in denen er Klubs in höchst schwierigen Zeiten übernahm. Hoffenheim, Hamburger SV, 1.FC Köln – sie alle standen im Tabellenkeller, als Gisdol zum Trainer berufen wurde. ***Das Wichtigste ist, wenn du als Trainer irgendwo hinkommst: Souveränität. Wenn du da den Hampelmann machst, funktioniert gar nichts. Souveränität gibt den Spielern ein Stück weit Sicherheit,***[146] stellt Gisdol fest. Zu seinem Start beim Hamburger SV 2016 hatte die Mannschaft nach zehn Spieltagen nur zwei Punkte und zwei Tore auf dem Konto. ***Damals stand überall in den Medien: Bisher ist jede Mannschaft mit dieser Bilanz am Ende abgestiegen, das hat noch niemand geschafft.*** Gisdols Team legte eine formidable Rückrunde hin und rettete sich doch noch. ***Nicht, weil wir uns ständig mit der Tabellensituation auseinandergesetzt haben, sondern weil wir uns auf die Aufgaben im Training konzentriert haben, den Spielern kleine Dinge an die Hand gegeben haben, die sie nachher zu großem Selbstvertrauen entwickeln konnten.*** Sich unbeeindruckt zeigen von äußeren negativen Impulsen, indem man sich auf das Wesentliche konzentriert, das hilft in solchen Situationen. Klingt einfach: Doch was ist das Wesentliche?

Gelassenheit hilft Führungskräften, klare Entscheidungen zu treffen, ohne von negativen oder gestressten Emotionen im Umfeld beeinflusst zu sein. Das eigentliche Ziel im Blick zu haben, statt seine Kraft an Nebenkriegsschauplätzen zu vergeuden. Wenn das Team gerade nur die nächste Kurve sieht, musst du als Verantwortlicher den Gipfel im Blick haben. Dafür muss man aber auch den Weg kennen, dem man vertraut. Langfristiges Denken zeichnet gelassene Trainer aus, denn sie haben die Strategie vor Augen, mit denen sich die notwendigen Lösungsansätze ergeben sollen.

Gelassenheit lässt sich jedoch nicht einfach online bestellen und wird auch nicht geliefert. Insofern ist es zwar schön und gut zu wissen, wozu Gelassenheit gut ist. Doch wie eigne ich mir diese Haltung an?

Es fängt damit an, es zu vermeiden, sich zu viel mit anderen zu vergleichen. Jeder Mensch hat seinen eigenen Charakter, sein eigenes Wesen, seine eigene Herangehensweise – und trotzdem kochen wir alle nur mit Wasser. Ein alter Spruch, der nach wie vor seine Gültigkeit besitzt. Entsprechend muss ich die anderen nicht über alle Maßen auf ein Podest stellen. Respekt haben – ja, aber ich muss mich nicht kleiner machen als es notwendig ist. Vertraue ich auf mich, verhilft mir das zu Gelassenheit. Wie sagt es Thorsten Fink: ***Kein Trainer hat etwas erfunden. Wir sind alle Stehler.***[147]

Ottmar Hitzfeld war ein großer Fan von perfekter Vorbereitung. Das half ihm, die richtige Reaktion zu zeigen und vor Überraschungen gefeit zu sein. ***Vor dem Spiel gehörte es dazu, dass man sich verschiedene Szenen durch den Kopf gehen ließ und sich das auch mental vorstellte. Ich spielte gewisse Abläufe im Kopf durch und bereitete mich so darauf vor. Nicht erst anfangen zu überlegen, wenn Dinge passiert sind. Man muss das Spiel vorher verinnerlichen,***[148] sagt Hitzfeld. Anstrengend, aber es hilft, sich im Vorhinein mit dem Worst Case zu beschäftigen. In Unternehmen ist es gang und gäbe, bei Strategieentwicklungen jemanden damit zu beauftragen, das Strategieergebnis zu „zerpflücken“: all das zu thematisieren, was schiefgehen könnte, alle Annahmen unter einer negativen Brille zu durchleuchten. Deshalb sollten Leader auch in ihrem Umfeld stets Leute haben, die sie fragen können: Was ist an meiner Idee, an meinem Plan schlecht? Wo sind Schwachpunkte? Was müsste passieren, damit es schiefgeht?

Als Christoph Daum sich 2000 auf das besagte Endspiel von Bayer Leverkusen in Unterhaching um die Deutsche Meisterschaft vorbereitete, hatte auch er sich in der Woche vor dem Spiel mit einigen Szenarien beschäftigt: ***Ich hatte viele Worst-Case-Szenarien durchgespielt***, erzählt Daum, ***aber nicht, dass ein Spieler uns mit einem Eigentor in Rückstand geraten lässt.***[149] Daum war darauf nicht vorbereitet, die Spieler auch nicht. Der allgemeine Schockzustand hatte wenig mit Gelassenheit und Souveränität zu tun. Nicht auszuschließen, dass Bayer das Spiel auch verloren hätte, wenn Daum im Spiel souveräner hätte reagieren können, doch es hätte die Chancen erhöht, das Spiel zu drehen.

Ereignisse im Außen fordern uns immer wieder neu heraus. Gerade eben hatte man noch die vermeintliche Kontrolle, alles lief, wie man sich das vorstellte, und dann passiert etwas außer der Reihe. Bei Daum sorgte das Eigentor von Michael Ballack zwar für Taten- und Ratlosigkeit, in vielen anderen Fällen werden Führungskräfte wütend, verärgert oder ausfallend. Diese expressiven Gefühle überspielen dann oftmals das eigentliche sensitive Gefühl der Ohnmacht, Enttäuschung oder Traurigkeit. Ein solches Verhalten ist in der Regel wenig hilfreich für das Team. Es geht in einer solchen Situation um „Self-Coaching“. Was gehört dazu? Ein Break. Angesichts eines Tiefschlages hilft es, sich erst einmal rauszunehmen, alles sacken zu lassen und am besten einen kleinen Spaziergang zu unternehmen, um sich zu sammeln. Oder auch innerlich eine Beobachterposition einzunehmen, dabei die eigenen Gefühle zu benennen und zu erkennen, wie sie sich ändern. Das hilft, sich von negativen Gefühlen zu lösen. Auch eine konzentrierte und regelmäßige Atmung sorgt für Entspannung. Oder das Erinnern an andere gemeisterte schwierige Situationen. Ottmar Hitzfeld sagt: ***Wenn man die Nerven verliert, verliert man Autorität. Die Spieler wollen geführt werden, sie brauchen jemanden, der sie unterstützt.***[150] Hitzfeld erzählt, dass er früher als Spieler sehr jähzornig gewesen sei, auch mal einem Schiedsrichter einen Stein hinterhergeworfen habe. Auch als Schweizer Nationaltrainer verlor er mal die Contenance und zeigte den Stinkefinger. *Der einzige Ausrutscher,* wie er beteuert. *Du musst die Nerven bewahren, dich kontrollieren. Man muss die Disziplin auch vorleben, nicht explodieren oder reklamieren. Du musst den Spielern ein Vorbild sein und die Dinge vorleben. Das hilft ihnen.*

Allerdings ist es gar nicht so einfach, seine Gefühle in diese Richtung zu lenken und mit Widerständen gelassen umgehen zu können. Es geht um Beherrschtheit. Stefan Leitl als sehr emotionaler Mensch, kennt diesen Spagat: *Ich habe mich dahingehend weiterentwickelt, dass mich die Emotion nicht beherrscht. Ich glaube, dass eine gewisse Gelassenheit einfach sehr wichtig ist, um auch eine gewisse Ruhe auf die Mannschaft zu übertragen. Trotzdem bricht es auch spontan aus mir heraus, die Emotion. Ich glaube, das gehört dazu. Das muss man dann auch mal zulassen.*[151]

Auch Dieter Hecking ist ein Trainer, den so schnell nichts aus der Fassung bringen kann. *Man denkt bei mir: „Mensch, den kann nichts aus der Fassung bringen"*, sagt der langjährige Coach. *Im Innenleben sieht das häufig anders aus. Aber gerade, wenn du in Vereinen arbeitest, wo immer mal wieder Unruhe aufkommen kann, brauchst du eine innere Belastbarkeit. Damit du Druck aushalten kannst und immer wieder diese Ruhe nach außen ausstrahlst.* Wie schafft man das? *Du musst dir einen leichten Panzer anlegen und dir sagen, dass du nicht alles kommentieren musst.*[152]

Es braucht also eine innere Balance, Ausgeglichenheit, um sich die Möglichkeit zu bewahren, ruhig und gelassen zu bleiben. Wenn die Gedanken aber toben und Emotionen hochkommen, die man vermeiden möchte, hilft es, darin geübt zu sein, sich innerlich zu beruhigen. Auch das bereits angesprochene Durchdenken des Worst-Case-Szenarios und sich darüber bewusst zu werden, kann helfen. Die Vorstellung, dass manche

Konsequenzen gar nicht so wild sein können, wie man sich das gedacht hat. Positives Denken hilft, indem man versucht, das Gute im Schlechten zu erkennen, und Lehren aus der negativen Situation zu ziehen und für sich mitzunehmen. Eine andere hilfreiche, vor allem erdende Vorstellung ist, sich gewahr zu werden, dass die eigene aktuelle Lage angesichts drastischerer Probleme auf der Welt wohl nicht ganz so dramatisch ist …

Unterstützung findet man auch in Routinen, gerade in Stresssituationen ist es wichtig, gewohnte Abläufe zu verfolgen. Felix Magath erzählt: ***Ich war vor Spielen, bei denen es um alles ging, nervös, angespannt, aber habe mir nach außen nichts anmerken lassen. Bei solchen Spielen versuche ich, auf Routinen zu gehen und nichts anders zu machen wie sonst auch und damit möglichst keine Unruhe, keine Hektik reinzubringen.***[153]

Gelassenheit ergibt sich manchmal aber auch aus der eigenen Historie. 2009 wurde der Vertrag von David Wagner bei der TSG Hoffenheim nicht mehr verlängert. Er hatte dort zuvor die U-19- und U-17-Mannschaften trainiert. ***Da stand ich da im kurzen Hemd und hatte keine anderen Optionen. Ich hätte sehr gerne als Trainer weitergearbeitet, aber es gab keine Möglichkeiten.***[154] Nach einem halben Jahr Arbeitslosigkeit stürzte sich der Ex-Schalker, der auf Lehramt studiert hatte, ins Referendariat, um das Staatsexamen zu machen. Anderthalb Jahre unterrichtete Wagner an einem Gymnasium im südhessischen Gernsheim, als er ein halbes Jahr vor dem zweiten Staatsexamen das Angebot bekam, die zweite Mannschaft von Borussia Dortmund zu übernehmen. 2011 kehrte Wagner wieder zum Fußball zurück. Diese Episode lehrte Wagner allerdings, dass der Fußball nicht der Mittelpunkt der Welt ist. ***Ich war wirklich weit weg und habe gesehen, dass man dennoch leben und überleben kann,*** so der Deutschamerikaner. Viele Führungskräfte machen sich einen großen Druck zu performen, sie wollen selbstverständlich die ausgerufenen Ziele erreichen. In der Vorstellung, den Job zu verlieren, zu scheitern machen sie sich oftmals einen großen Druck, der sehr belastend sein kann und der ihnen auch die Gelassenheit und Souveränität nimmt. Menschen, die bereits erlebt haben, dass sie eine schwere berufliche Situation gemeistert haben, indem sie andere Wege gegangen sind, können ganz anders mit plötzlichen Herausforderungen umgehen.

Deshalb hat die Suche nach Gelassenheit für Friedhelm Funkel auch *viel mit Lebenserfahrung*[155] zu tun. Funkel erzählt: *Ich war auch mal ein junger Trainer. Da gab es für mich nur den Job, nur den Fußball. Der hat mich sehr zeitintensiv in Anspruch genommen. Im Laufe der Zeit wirst du ein Stück weit gelassener. Du bekommst mehr Erfahrung. In den letzten zehn bis 15 Jahren habe ich das nicht mehr ganz so verbissen gesehen. In den letzten Jahren habe ich während der Woche auch andere Dinge genossen und nicht immer die ganze Zeit an den Fußball gedacht.* Seine Tipps in puncto Gelassenheit: *Ich kann jedem Trainer nur raten, nicht 24 Stunden am Tag an den Fußball zu denken. Die erfahrenen Trainer finden eine gute Mischung zwischen Anspannung, Trainingsgestaltung, an den Fußball denken, aber auch an Dinge, die neben dem Fußball passieren. Und das habe ich in den letzten Jahren geschafft.*

Ich bin mir sicher, dass eine ausgewogene Balance zwischen Anspannung und Erholung, zwischen Vollgas und Leerlauf, zwischen Stadion und Bergtour wichtig ist, um als Führungskraft eine souveräne Ausstrahlung zu entwickeln. Zum einen wird man selbst gelassener, wenn man die eigenen beruflichen Themen durch einen Filter betrachten kann, zum anderen macht es ja auch etwas mit den Mitarbeitenden, wenn sie sehen, dass der oder die Vorgesetzte dank anderer Aktivitäten ausgeglichen und souverän zurück in den Job kommt.

Und natürlich sind es auch das Durchleben von Krisen und deren Bewältigung, die dabei helfen, künftig sicherer und gelassener im Alltag zu agieren. Hat man gewisse Dinge schon erlebt und vor allem gemeistert, kann man ganz anders auf Herausforderungen schauen. Krisen machen gelassener, definitiv.

Silvia Neid hatte als Bundestrainerin der Frauen 2011 ein herausforderndes Jahr. Das Ausscheiden gegen Japan im Viertelfinale der Heim-Weltmeisterschaft machte sie zur Zielscheibe anhaltender Kritik. ***Das war eine schwere Zeit. Es war hart. Wie ich das geschafft habe? Mit meinen Freunden und meinem Chef: DFB-Präsident Theo Zwanziger verbot mir 2011 aufzuhören. Das half mir.***[156] Trotz dieser schweren Zeit hat Neid heute diesen Abschnitt sogar positiv abgespeichert: ***Es tat mir 2011 auch gut, von einer ganz hohen Leiter hinunterzufallen. Dann fängt man an umzudenken. Man fragt sich: Was ist denn eigentlich wichtig im Leben? Man ist nicht mehr so fixiert auf das eine, auf den Beruf Fußball und dass alles glatt laufen muss. Das geht ja gar nicht. Wie soll das denn funktionieren? Es sind andere Sachen viel wichtiger, wie Gesundheit. Es hat mir auf jeden Fall geholfen. Man kann nicht immer nur nach oben klettern.*** Genau: Manchmal muss man einen Schritt zurückgehen, um sich neu zu justieren, sich rückzubesinnen, um dann wieder die Fährte nach oben aufzunehmen. Überwundene Krisen sorgen für Selbstsicherheit. Sie steigern die Widerstandsfähigkeit. Prioritäten werden überdacht und man gewinnt so mehr Energie für die wesentlichen Sachen.

Die Akzeptanz des Unvermeidlichen lehrt aber auch, besser mit Ungewissheiten umzugehen. Man steht dem dunklen Tunnel, der vor einem liegt, positiver gegenüber. Krisen zeigen, wie wichtig es ist, das Hier und Jetzt zu schätzen und nicht zu sehr in der ungewissen Zukunft zu leben. Dazu gehört es auch, den Weg dorthin in kleine Schritte zu unterteilen. Sich frei davon zu machen, wann und wie man das ganz große Ziel erreicht, sondern sich darauf zu fokussieren, die kleinen Abschnitte positiv zu bewältigen. Das ist es, was ich als Führungskraft vorleben muss, um den Mitarbeitenden Sicherheit zu geben. Sandro Wagner hat diese Herangehensweise in einem schönen Bild beschrieben: *Das ist eigentlich meine Lebensphilosophie. Es geht um ein Auto, das eine Fahrtstrecke vor sich hat. Und ich sage den Jungs: „Wenn man jetzt am Abend von München nach Berlin fahren will, dann weißt du, dass du in Berlin ankommen willst, aber durch dein Licht siehst du nur die nächsten 80 bis 100 Meter." Und genauso lebe und arbeite ich und genauso möchte ich, dass meine Mannschaft arbeitet. Wir wissen, wo wir hinwollen, wir haben uns ein gemeinsames Ziel erarbeitet, aber sehen tun wir nur die nächsten Stunden, diesen Tag, dieses Training. Ich habe ein Ziel, wo ich als Trainer hinmöchte, bin auch sicher, dass ich es erreichen werde. Bis dahin habe ich aber ganz viele kleine Schritte. Das ist das Bild, das perfekt für mich passt.*[157] Ziele werden so als machbar wahrgenommen. Jede erfolgreiche Etappe sorgt für weiteren Rückenwind und lässt den Mut steigen. Aber dafür braucht es die Guidance eines echten Leaders, dem man vertrauen kann.

DIE DREIERKETTE FÜR GELASSENHEIT

LEITSATZ

Mit Gelassenheit erhöht man die Chancen um ein Vielfaches, dass das Team in herausfordernden Situationen Mut und Zuversicht gewinnt.

DAS KÖNNEN FÜHRUNGSKRÄFTE VON ERFOLGREICHEN TRAINERN LERNEN

Sie strahlen in schweren Situationen Ruhe und Sicherheit aus, auch wenn sie nicht immer die Lösung parat haben. Sie vergleichen sich nicht unnötig, sondern vertrauen sich und ihrem Weg. Sie sind gut vorbereitet, damit sie von negativen Ereignissen nicht zu sehr überrascht werden. Sie geben nicht immer preis, wie es ihnen wirklich geht. Sie halten es oft mit Routinen, um keine Hektik entstehen zu lassen. Viele haben im Leben andere Dinge erlebt, sodass sie gelassener mit Ereignissen umgehen können. Viele, die Krisen hinter sich gebracht haben, können in neuen Krisensituationen besser agieren. Sie geben kleine Schritte vor und wissen, wohin der Weg gehen soll.

DREI GUTE FRAGEN

Was ist der Worst Case für meinen Plan, meine Idee?
Was beunruhigt mich, wenn Dinge nicht so laufen, wie ich das will?
Was strahle ich in Krisensituationen aus?

SELBSTFÜHRUNG

„Erst wenn du dir eine blutige Nase holst, wenn es nicht so funktioniert, dann dauert es nicht lange und man hört in sich rein. Die Selbstreflexion ist das A und O."

ROBIN DUTT

Ein Mann, 56 Jahre alt, leicht angegrautes Haar, sitzt in Jeans, einem grauen Pullover und Turnschuhen auf einem Stuhl und erzählt, wieso er ab Juni 2024 nicht mehr arbeiten möchte. Im Hintergrund sieht man einige Rasenplätze. Das Video von knapp 25 Minuten wurde in den ersten 48 Stunden über 2,6 Millionen Mal angeklickt. Der Mann heißt Jürgen Klopp, der seit 2015 einen der berühmtesten Fußballklubs der Welt, den FC Liverpool, trainiert. Dieses Video könnte ich als Beispiel für Leadership-Qualitäten in beinahe jedes Kapitel dieses Buches packen. In den Sätzen von Jürgen Klopp liegt Entschlossenheit, Klarheit, Wertemanagement, Authentizität, Empathie, Wohlwollen und noch einiges mehr. Jedoch ist es mir wichtig, Klopps Erklärvideo vom 27. Januar 2024 in diesem Abschnitt zu besprechen, weil an vielen Stellen deutlich wird, wie ein Leader dank Selbstführung positive Werte stiftet, Schaden von seinem Team abwenden kann, zum Vorbild wird und Leute mitnimmt – und das bei einer Ankündigung, die viele auch enttäuscht oder wütend hätte machen können.

Was bist du als Leader einem Team unter anderem schuldig? In meinen Augen, dass du alles in deiner Macht Stehende dafür tust, dass das Team vorankommt. Dafür braucht es 100 Prozent Einsatz. Um zu erkennen und zu registrieren, dass du bald nicht mehr in der Lage sein wirst, das zu leisten, bedarf es Selbstreflexion und Selbstführung. Die Konsequenzen aus dieser Reflexion adäquat zu formulieren, wäre der nächste Schritt. Jürgen Klopp tut beides. Er ist sich seiner Verantwortung bewusst, sich selbst gegenüber, aber auch gegenüber dem Team, dem Verein und den Fans. Er erklärt in seinem Statement im Januar 2024: „Mein Coaching, mein Führungsstil basiert auf Energie. Ich habe normalerweise genug, um sie einer Menge Leute zu geben. Wenn das nicht da ist, bin ich nicht derselbe. Und wenn ich nicht derselbe bin, kann ich es nicht tun. Und das ist es, was wir alle akzeptieren müssen (…). Die Verantwortung, die ich hier für alles habe, sagt mir, dass ich nicht der Richtige für die Zukunft bin. Also muss ich es sagen.“[158]

Manch einer kennt das vielleicht auch: höher, schneller, weiter. Die Ansprüche an Führungskräfte sind gewaltiger denn je. Auf allen Ebenen. Man steht morgens auf, ist sofort getrieben von To-do-Listen, Aufgaben, Anforderungen und Terminen. Man hat kaum Zeit innezuhalten, denn schon wird man als Ansprechpartner gebraucht, der zu sagen hat, wie die Dinge laufen. Also macht man es so, wie man es schon immer getan hat, ohne manchmal wirklich zu wissen warum. Innerlich frisst der Stress einen auf und man weiß vor lauter Aufgaben nicht, wo einem der Kopf steht. Es fehlt an Alternativen, sodass man sich zunehmend schlechter fühlt, auch in dem, was und wie man es tut. Der Alltag mit seinen tausend Details raubt einem die Freude am Tun. Das steigert das Gefühl, nicht mehr nach den eigenen Werten zu handeln, was Zufriedenheit und Demotivation steigert, und es nicht mehr gelingt, Berufliches von Privatem zu trennen. Der sichere Hafen „Zuhause“ ist kein Ort der Erholung und Regeneration mehr, da man es auch dort scheinbar nicht mehr schafft, es allen recht zu machen. Doch schon am nächsten Tag beginnt das Hamsterrad sich von Neuem zu drehen …

Jürgen Klopp ging es ein wenig so, wie er anschaulich erzählt: „Ich habe die Tatsache unterschätzt, dass meine Energiequelle nicht endlos ist. Ich bin wie ein richtiger Sportwagen, nicht der beste, aber ein ziemlich guter, und kann immer noch 160, 170, 180 Meilen pro Stunde fahren, aber ich bin der Einzige, der sieht, dass die Tankanzeige sinkt. Die Außenwelt sieht das nicht, das ist gut, also fahren wir, solange wir müssen, aber dann braucht man eine Pause. In diesem Fall muss man zur Tankstelle. Das ist genau das, was ich weiß: Dass ich es tun muss."

Viele wünschen sich genau das. Sie wollen, dass ihr Handeln mit ihren Werten übereinstimmt. Sie wollen das Gefühl haben, dass sie jederzeit sie selbst sind und die anderen um sich herum dies auch so wahrnehmen. Sie wollen mit Freude ihrer Arbeit nachgehen und möchten Motivation verspüren, die Probleme in ihrem beruflichen Umfeld zu lösen. Kollegen und Mitarbeitende sollen ihnen mit Respekt, Achtung und Empathie begegnen. Deshalb ist es so wichtig, die Fähigkeit zur Selbstführung zu haben, denn je weniger eine Führungskraft ihre Gefühle versteht, desto mehr wird sie ihnen zum Opfer fallen. Klopp versteht sich. Er hat einen Draht zu sich selbst und kennt seine Gefühle, kann sie benennen – auf eindrückliche Art und Weise: „Ich bin nach Liverpool gekommen als ganz normaler Mensch. Ich bin immer noch ein normaler Mensch, ich habe nur schon zu lange kein normales Leben mehr. Ich will nicht warten, bis ich zu alt bin, um ein normales Leben zu führen. Ich muss es zumindest einmal ausprobieren, um zu sehen, wie es ist. Leider habe ich diesen Job 24 Jahre lang gemacht und irgendwann muss ich mal schauen, wie das Leben wirklich ist." Bewegende Worte eines Mannes, der seine Grenzen kennt. Wer sich so selbst führt, kann auch wirklich andere führen. Wer von seinem Job aufgefressen wird, das Gefühl der permanenten

Überforderung spürt, der kann nicht mit Empathie und Präsenz führen.

Führungskräften wie Trainern wird meist von ihren Vorgesetzten gesagt, was alles besser gemacht werden soll. Ziele werden ausgerufen. Regelmäßig gibt es neue Tools, neue Techniken und Fortbildungen, um auf allen Ebenen mit dem Fortschritt zu gehen. Prämisse ist, Kreativität, Innovation und Performance zu steigern. Aber wie stärken sich Führungskräfte selbst? Wo und vor allem wie holen sie sich ihre Power? In dieser Welt gilt es, immer wieder neue Maßstäbe zu setzen. Führungskräfte sind daher gefordert, sich immer wieder neu erfinden. Um das zu erreichen, braucht es die Innenschau, das heißt Instrumentarien, die helfen, um herauszufinden, was im eigenen Bewusstsein stattfindet, welche Denk- und Gefühlsmuster am Start sind, ja, wie man überhaupt zu sich selbst steht und das eigene Tun auf der körperlichen wie seelischen Ebene aufnimmt. Ich nenne das „Bewusstseinssupervision“:

- Wann braucht es mehr, wann weniger Energie?
- Empfinde ich Freude und wenn nicht, seit wann ist das so und warum?
- Kann ich die Situation ändern?

Alles wichtige Fragen, die zur Selbstführung gehören. Je mehr man sich mit sich selbst beschäftigt, desto klarer kann man im Außen agieren. Doch nur eine Frage bildet die Grundlage, nämlich: Wer bin ich?

So hat es Jürgen Klopp schon immer gesehen. Blicken wir zurück, wie er einst im Februar 2001 bei Mainz 05 anfing. ***Ich konnte nie jemanden über die Schulter schauen. Ich habe am Sonntag gespielt und war am Montag Trainer. Von dem Tag an hatten alle Menschen Fragen an mich, für die ich noch gar keine Antwort haben konnte. Die musste ich mir über die Jahre***

erarbeiten. Im Sommer, nachdem wir mit Mainz die Klasse gehalten haben, habe ich mir erst mal ganz viele Gedanken über mich selber gemacht. Was bin ich eigentlich für ein Typ und wie möchte ich den Umgang mit einer Mannschaft haben?[159] Wichtige Fragen, die die Basis für Führungspersönlichkeiten sind, die eine gute Selbstführung pflegen. Klopp gelang das vom Anfang seiner Karriere an.

Frank Wormuth betont: ***Das Ich ist entscheidend.***[160] Zwar sei der Gesamtblick eines Leaders auf die Gruppe, auf das Team, auf das „Wir" auch wichtig, genauso wie man den Umgang mit dem „Du" ins Zentrum des Tuns rücken sollte. Jedoch erachtet der langjährige Trainerausbilder eine Frage als die Wichtigste: Wie führe ich mich selbst? ***Es gibt so einen schönen Satz: Bevor du andere liebst, musst du dich selbst lieben. Was steckt dahinter? Eine Art von Selbstreflexion. Wer bin ich denn eigentlich? Habe ich überhaupt eine Kommunikationsfähigkeit? Kann ich aktiv zuhören? Beachte ich die interkulturelle Situation? Sorge ich für Energieausschläge? Bevor wir über das Führen einer Mannschaft sprechen, muss erst mal das „Ich" klar sein***, betont Wormuth. Und er hat recht. ***Wir können wunderbare Seminare über Führung machen, wunderbare Tools in die Hand bekommen, aber ich weiß aus eigener Erfahrung: Wenn ich im Stresszustand bin, dann kommen alte Automatismen hoch. Da kommen Erfahrungen hoch, die mich ich sein lassen und wodurch ich mich scheiße verhalte. Bevor wir über Führung reden, müssen wir erst einmal bei uns selbst anfangen.***

Wenn das Reflektieren einschläft, ist das der Anfang vom Ende. Meist fängt das in Zeiten des Erfolgs an, dass man glaubt, es ginge immer alles so weiter. Man nimmt keine Distanz mehr ein zu sich selbst, beobachtet sich nicht mehr. Glaubt, dass man Selbstreflexion nicht mehr nötig habe. So hat es auch Robin Dutt erlebt. ***Wenn man als junger Trainer nur Erfolg hat, wie es bei mir der Fall war, dann ist es so, dass man gerne mal die***

Selbstreflexion vernachlässigt und meint: „So, jetzt hört mir zu und dann funktioniert alles." Erst wenn du dir dann eine blutige Nase holst, wenn es nicht so funktioniert, dann dauert es nicht lange und man hört in sich rein. Die Selbstreflexion ist das A und O,[161] hat Dutt im Laufe seiner Karriere festgestellt. *Aber es ist völlig in Ordnung, wenn die jungen Trainer ein wenig naiver rangehen. Irgendwann kommt der Zeitpunkt, wo du dich selbst reflektierst. Wenn du das nicht machst, wird es auf Dauer schwer, erfolgreich zu sein,* ist er sich sicher.

Was heißt das für Führungskräfte? Festgelegte Reflexionszeiten einführen, verstärkt Notizen über Gedanken, Erlebnisse und Reflexionen machen, immer wieder Pausen einlegen, um „zu sich zu kommen". Führungskräfte stehen in vielen Fällen unter großen Druck, Stress spielt eine große Rolle. Dennoch gilt es, kluge Entscheidungen zu treffen, sich immer wieder von den äußeren Begleitumständen zu befreien. Dabei hilft Selbstführung, weil sich auch andere Mitarbeitende an ihnen orientieren können, sie als Vorbild nehmen. Im Idealfall natürlich.

Darüber hinaus ist auch das Einholen von Feedback wichtig. Christoph Daum ist großer Fan davon. Wie er das in seinen Alltag eingebaut hat, erklärt er hier: *Wir Menschen neigen zu einer Überschätzung der eigenen Maßnahmen, Insofern ist eine externe Rückmeldung unheimlich wichtig. Dafür sind meine Mitarbeiter zuständig. Das verlange ich auch in einer schriftlichen Form. Dafür ist es wichtig, dass ich vorher eine Atmosphäre des Vertrauens geschaffen habe. Zusätzlich habe ich externe Fachleute hinzugezogen, die mir einen Spiegel vorgehalten haben. Die mir da Rückmeldung gegeben haben, wo ich überzogen habe, wo ich nicht authentisch war. Ich habe auf diese Rückmeldungen von anderen immer sehr viel Wert gelegt. Für Spieler wie für Trainer gilt: Feedback ist das Frühstück für Champions. Ein Trainer muss sich bewusst darum kümmern, diese Rückmeldung einzufordern.*[162] Auch die kollegiale Beratung kann den Reflexionsprozess anfeuern. Sich mit Kollegen, hier anderen Trainern, die in einer ähnlichen Rolle sind, auszutauschen, ist sehr wertvoll und hilft zur Einordnung des eigenen Tuns. Doch nicht allen Führungskräften liegt es, über innere Prozesse zu reden. Als ich mit Thomas Reis sprach, war ich überrascht, wie viel der Trainer mit sich selbst ausmacht. Reis: ***Ich bin ein Typ, der vieles mit sich selber ausmacht, weil irgendwo willst du den Starken simulieren und vorleben, das ist als Trainer ja auch unheimlich wichtig. Ich habe nur gelernt, alles in mich hineinzufressen. Meine Frau möchte auch, dass ich mich da mehr öffne. Ich bin auch keiner, der viel weinen kann. Ich versuche das anders zu verarbeiten, ich gehe eine Runde joggen und versuche da dann ein wenig Dampf abzulassen.***[163]

Was auch genannt wird, wenn es um das Fördern der Selbstreflexion geht, sind Selbstbewertungsinstrumente oder auch Stärken-Schwächen-Analyse-Tools wie die SWOT-Analyse. Das ist ein viel benutztes Tool, um in einem einfachen Raster Schwächen, Stärken, Chancen und Risiken auszuarbeiten. Natürlich haben wir Bereiche, in denen wir besser sind, und andere, in denen wir nicht so gut sind. Diese zu kennen ist wichtig. ***Als Trainer bist du Zehnkämpfer. Im Zehnkampf hast du auch in, zwei Paradedisziplinen,***[164] sagt etwa Peter Hyballa. Es gibt nur ganz selten Allrounder, die alles beherrschen. ***Ich weiß, welche Stärken ich habe***, so Manuel Baum. ***Es gibt aber auch Bereiche, da weiß ich, dass ich nicht auf dem Top-Top-Niveau bin. Da ist es wichtig, dass man sein Trainerteam gut ergänzt.***[165] Eine wichtige Führungsqualität: sich da gut aufzustellen, wo man Schwachpunkte hat. Denn als moderner Trainer ist man zugleich Chef einer ganzen Riege an Co-Trainern, die man als Funktionsteam führt. Es gilt also, alle Ressourcen effektiv einzusetzen, um Kraft für die eigentlich wichtigen Aufgaben zu haben.

Somit ist es das eine, als Führungskraft dank Selbstführung selbst einen guten Führungsstil zu erlangen, der von effektiven Entscheidungen, persönlichem Wachstum und Klarheit geprägt ist. Das andere ist, seine Mitarbeitenden zur Selbstreflexion anzuleiten. Sie ermöglicht es ihnen, eigene Fehler und auch eigene Schwächen besser wahrzunehmen. Das wiederum sorgt für Demut, schließlich ist niemand perfekt. Diese Haltung erleichtert das produktive Arbeiten im Team ungemein. ***Ich sage meinen Spielern: „Du kannst nach den Sternen greifen, aber bitte bleib fest verwurzelt auf der Erde." Mit Demut meine ich nicht fehlenden Mut, sondern die vollständige Abwesenheit von Arroganz, sodass das Talent eines Fußballers nicht höher eingeschätzt wird als das Talent eines Arztes oder Ingenieurs,***[166] sagt Norbert Elgert. Dafür braucht es den Blick über den Tellerrand, damit andere Perspektiven ins Zentrum rücken. Die Reflexion über eigene Erfolge und Misserfolge bringt gleichzeitig den Gedanken mit sich, dass es viele Einflussfaktoren für Entwicklungen gibt. Nicht alles liegt in der eigenen Hand. Am Ende geht es darum, durch die Selbstreflexion die eigene Position im Umfeld eines Teams realistisch einzuschätzen und damit mit mehr Wertschätzung und Respekt durchs Leben zu gehen.

Letztlich können auch Mannschaftsbesprechungen dazu dienen, den Grad der Selbstreflexion zu erhöhen. Natürlich will man als Trainer auch seine Position und Sichtweise kommunizieren, doch sind Selbstreflexionsaufgaben in solchen Runden empfehlenswert: Was ist dein Anteil am Ergebnis? Wovon braucht es mehr von dir, wovon weniger? Auch in Unternehmen wäre es, parallel zu den Teamsitzungen im Fußball, ab und an hilfreich, gemeinsam Erlebtes im Team zu reflektieren. Teams, die solche regelmäßigen Runden pflegen, haben meiner Ansicht nach eine höhere Chance, die gesamte Kraft einer Gruppe zu nutzen.

DIE DREIERKETTE FÜR
SELBSTFÜHRUNG

LEITSATZ

Selbstführung ist das Frühstück für Champions.

DAS KÖNNEN FÜHRUNGSKRÄFTE VON ERFOLGREICHEN TRAINERN LERNEN

Sie sind sich darüber bewusst, wie viel sie sich zumuten können. Sie sind Vorbilder, weil sie ihre Stärken, Schwächen und Werte kennen und ihr Verhalten danach ausrichten. Sie sind in Kontakt mit inneren Prozessen, haben eine Art Bewusstseinssupervision, sodass sie eigene Bedürfnisse schnell wahrnehmen. Gute Trainer kennen sich selbst und wissen, dass es ihnen gut gehen muss, damit sie selbst gut führen können.

DREI GUTE FRAGEN

Reflektiere ich regelmäßig meine Gefühlslagen?
Wie gehe ich mit Stress um?
Welche Bedingungen brauche ich, um eine gute Führungskraft zu sein?

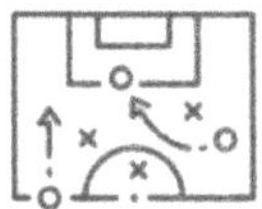

AUTHENTIZITÄT

„Emotionalität ist wichtig.
Nur so wirkt man auch vor der Gruppe authentisch.
Nur so wird dir die Gruppe auch folgen,
weil sie dann auch sieht, ja klar, der hat Gefühle,
der ist jetzt zwar mal stinksauer,
das nächste Mal aber total stolz."

FRANK KRAMER

Authentizität gilt als eine der Kernkompetenzen in Sachen Führung. Ein absolutes Modewort. Schwierig auszusprechen, aber es taucht in beinahe jedem Interview auf, wenn es um das Führen von heute geht. Viele sagen es: Man muss authentisch sein. Ist das so? Ich finde ja. Die Menschen haben eine große Sehnsucht nach Echtheit, was auch mit dem Aufkommen der Social-Media-Kanäle in diesen Zeiten zu tun haben mag, wo es an vielen Stellen um ein aufgesetztes Image geht. Authentizität ist „in". Bei Google findet man dazu inzwischen über 20 Millionen Einträge.

Das Wort „Authentizität" entstammt dem Griechischen. Das Wort setzt sich zusammen aus „autos"(selbst) und „ontos" (sein). Hieraus kann man schon ableiten, dass das „Selbstsein" im Vordergrund steht. Vorneweg: Es ist verdammt schwer, bei sich selbst zu sein. Wir lernen schon als Kind, uns anzupassen. Und auch später übernehmen wir automatisch Normen und Erwartungen aus dem Elternhaus, dem Freundeskreis, der Schule oder dem Jobumfeld, um anderen zu gefallen, um nicht abgelehnt zu werden, um uns gute Chancen auf was auch immer zu bewahren. Anerkennung und Bindung sind zwei der Grundbedürfnisse des Menschen und dafür sind wir einiges bereit zu tun.

Authentische Menschen wiederum schaffen es, sich davon zu befreien. Sie wirken wahrhaftig, ungekünstelt, offen und entspannt. Ein authentischer Mensch strahlt aus, dass er zu sich selbst steht, zu seinen Stärken und Schwächen, seinen Werten. Offenheit, Verletzlichkeit, Ehrlichkeit werden in diesen Fällen nicht als Schwäche wahrgenommen, sondern als Stärke. Diese Menschen sind mutig, sie stehen im Einklang mit sich und das spürt auch die Umwelt. Synonyme für Authentizität sind entsprechend Glaubwürdigkeit, Zuverlässigkeit, Unverfälschtheit und Wahrhaftigkeit.

Als David Wagner nach Dortmund kam, um die zweite Mannschaft dort zu trainieren, plagten ihn gewisse Selbstzweifel: ***Ich war zwei Jahre aus dem Fußball draußen, machte ein Referendariat und bekam die Chance, in Dortmund zu trainieren. Ich fragte mich: „Kann ich das? Kriege ich das hin?“***[167] Er besprach sich mit Jürgen Klopp, der damals die Bundesligamannschaft des BVB trainierte, und der sagte zu Wagner: ***„Sei einfach du selbst.“***

Doch wie geht das? Ein Beispiel, wie das vielleicht gehen könnte: Frank Schmidt vollbrachte beim 1. FC Heidenheim als Trainer etwas ganz Außergewöhnliches. Der Ex-Profi von Alemannia Aachen führte den Verein aus der Ostalb nicht nur von der Oberliga in die Bundesliga, sondern ist mittlerweile auch seit 2007 ununterbrochen Trainer dort. Die schwierigste Situation in all diesen Jahren erlebte Schmidt im Oktober 2017 in der 2. Liga. Heidenheim war im vierten Zweitligajahr miserabel gestartet, mit nur acht Punkten nach elf Spieltagen, Torverhältnis 12:23. Der „Knackpunkt für mich als Trainer“,[168] sagt Schmidt.

Die öffentliche Diskussion um die Trainerposition nahm Fahrt auf. Auf der Heimfahrt von der 0:3-Schlappe in Ingolstadt kam Schmidt eine Idee. Am darauffolgenden Tag rief er die Mannschaft, den Vorstand und das Funktionsteam zusammen. Rund 40 Personen drängten sich in der kleinen Mannschaftskabine. Jeder der Anwesenden musste nach vorne kommen und erklären, was seiner Meinung nach nicht so gut lief und was man selbst bereit war zu tun, damit es wieder aufwärts ginge. Ein guter Plan. Das Entscheidende dabei: Schmidt war der Erste, der damit anfing. Der Trainer übte im Folgenden schonungslos Selbstkritik, sprach über eigene Fehler, zeigte aber auch, dass er den Willen, die Leidenschaft und die Überzeugung hatte, den Turnaround zu schaffen. „Das kostet Mut, aber es signalisiert auch: Ich bin bereit, Verantwortung zu übernehmen“,[169] sagt Schmidt. Alle kamen an die Reihe. Kein Herumgeschwafel, sondern Tacheles. „Es war einer der intimsten Momente, die ich als Trainer in Heidenheim erlebt habe. (…) Noch heute bekomme ich Gänsehaut, wenn ich an diesen Tag denke. Diese Idee hat alles geändert“, so Schmidt. Die Mannschaft schlug im Spiel danach den 1. FC Nürnberg mit 1:0 und schaffte die Wende.

Schmidt zeigte sich in diesem Moment selbstkritisch, er war emotional, offenbarte eine Seite, die ansonsten nur selten zu sehen war. In der kleinen, stickigen Kabine kamen die Spieler ihrem Trainer nah, nahmen den Ball auf und sorgten auch für Nähe untereinander. Der Trainer war so echt wie nie, aber auch die Sätze, die jeder Einzelne von sich gab, waren echt. Viele der Beteiligten werden sich wahrscheinlich noch heute an ihre Sätze im Wortlaut erinnern, weil die Gefühle so intensiv waren. Ein großer Moment von Authentizität und Ehrlichkeit, mit dem Schmidt und seine Mannschaft die richtige Energie gewannen, um die fehlenden Prozentpunkte draufzupacken.

David Wagner ist heute überzeugt: ***Ehrlichkeit ist das Wichtigste. Wenn du irgendeinem Spieler Scheiße erzählst, wird*** *dich das nicht weiterbringen. Wenn du eine Rolle spielst und versuchst, jemand zu sein, jemand zu leben, der du nicht bist, kann ich mir das als wahnsinnig anstrengend vorstellen. Man selber zu sein und die ehrlichste Version von sich dem Spieler gegenüber abzugeben, darauf kommt es an.*[170] Sandro Schwarz sieht es genauso und versucht, sein Auftreten danach auszurichten: *Offenheit und Ehrlichkeit stehen ganz oben. Die Dinge, die ich vor einer Mannschaft sage, die meine ich und fühle ich auch so. Jedes einzelne Wort,*[171] so der Ex-Mainzer.

Jedoch sollte man sich vor der Annahme hüten, dass jede schlechte Laune, jeder Wutanfall und das Ausleben der eigenen Gefühlswelt der Weg sei, um authentisch zu sein. Denn im Gegenteil: Authentische Menschen sind fähig, sich selbst zu regulieren, und reagieren eben nicht impulsiv auf Stress, Druck und schlechte Nachrichten. Deshalb braucht es eine „ausgewählte Authentizität", wie ich es nennen will. Emotionen ja natürlich, aber in einem richtigen Maß. Darum geht es, das findet auch Frank Kramer. Für ihn geht es um *Emotionen, die der Situation angemessen sind.*[172] Die müsse man zeigen, denn *Emotionalität ist wichtig. Nur so wirkt man auch vor der Gruppe authentisch. Nur so wird dir die Gruppe auch folgen, weil sie dann auch sieht, ja klar, der hat Gefühle, der ist jetzt zwar mal stinksauer, das nächste Mal aber total stolz. Das gehört mit dazu. Das macht auch das Miteinander und das Zwischenmenschliche aus*, wie Kramer es treffend beschreibt.

Menschen wollen an der Gefühlswelt der Führungsperson teilhaben, um das Gefühl zu haben, sie ein Stück weit zu kennen. Frank Kramer zum Wirken von Authentizität: *Die Spieler sollen sehen, wenn man traurig ist, sollen sehen, wenn man fröhlich ist, sie sollen sehen, ja, mit wem habe ich es denn eigentlich zu tun als Menschen. Und da ist auch wieder eine Vorbildfunktion vorhanden. Wie kann man von Spielern erwarten, dass sie sich öffnen, wenn man sich selber nicht öffnet?*

Ich glaube, dass der Trainer immer der Erste sein muss, der bei der Fehlersuche beginnt und seinen Emotionen entsprechend auftritt.

Authentizität bedeutet also nicht, dass jede spontane emotionale Reaktion akzeptabel ist, insbesondere wenn sie andere im Team abwertet oder ihnen schadet. Authentizität bezieht sich eher darauf, sich über die eigenen Gefühlsregungen bewusst zu sein, sie zu verstehen und dann auch mit Empathie auszudrücken. Authentische Verhaltensweisen dürfen andere nicht bedrohen oder ihnen schaden wollen, sie müssen konstruktiv sein und zur Lösung eines Problems beitragen. Einen Wutanfall auszuleben ist also kein Mittel, um seine Authentizität zu erhöhen, ganz im Gegenteil. Das heißt, wer mit Emotionen nicht souverän umgehen kann, wird eher weniger authentisch wahrgenommen. Passiert etwa in einer Abteilung ein Fehler mit weitreichenden Folgen, gehört es dazu, sich darüber zu ärgern und das auch zum Ausdruck zu bringen – allerdings in angemessener Form. Als Führungskraft in einer solchen Situation authentisch zu handeln, hieße in meinen Augen einzuräumen, in Bezug auf eine Lösung gerade auch überfordert zu sein, aber alles dafür zu tun, um mit konkreten Schritten zu einer Lösung zu kommen. Es gilt, nichts auszusparen und somit um Fragen wie:

- Was ist dir in einer solchen Situation wichtig?
- Welche Werte möchtest du vertreten?
- Was sind deine Bedürfnisse?
- Welchen Prinzipien willst du folgen?

Gibt es eine Diskrepanz zwischen dem, was du sagst, und dem, was du tust?

Es braucht demnach Wissen um die eigene Gefühlswelt. Echtheit fängt damit an, sich selbst wirklich zu kennen, seine Werte, seine Stärken und Schwächen. Deshalb müssen gute Führungskräfte sich selbst führen können, um andere authentisch zu führen. Kenne ich meine Werte, kann ich sie besser leben, besser zum Ausdruck bringen und sie auch anders einfordern.

Nehmen wir ein Beispiel aus der Karriere von Ottmar Hitzfeld. Der Trainer ist zum Beispiel der Meinung, dass feste Prinzipien wichtig seien. Eines dieser Prinzipien für ihn: ***Dass man keine Verträge bricht.***[173] Lebte er das? Ja! So lehnte er in seinem ersten Jahr beim FC Aarau ein Angebot von Servette Genf ab. ***Ein Spitzenklub,*** erzählt Hitzfeld, ***sie wollten 500.000 Franken Ablöse zahlen, aber ich sagte: „Nein. Ich habe einen Vertrag und breche keinen Vertrag." Ich blieb und das war ganz wichtig.*** Auch 1989 verhielt sich Hitzfeld so: ***Nach dem ersten Jahr bei Grasshoppers Zürich kam Bayer Leverkusen mit Michael Meier. Sie wollten mich und ich sagte: „Nein, ich bleib' noch in Zürich." Ich sagte: „Man sieht sich immer zweimal im Leben", und dann wechselte Meier nach Dortmund, wo ich dann 1991 hinwechselte. Wenn du einen Vertrag hast, braucht man nicht zu diskutieren.*** Eine klare Haltung. Es geht um Verlässlichkeit.

Auch Integrität ist Teil von authentischem Verhalten. ***Integrität ist wichtig für einen Coach,*** sagt Norbert Elgert. ***Das heißt für mich, das Richtige zu tun, egal, wer dabei zuschaut, und auch, wenn keiner dabei zuschaut.***[174] Diese Echtheit ist auch ein Trumpf von Jürgen Klopp, der festhält: ***Du musst als Trainer komplett nachvollziehbar sein. Das, was du sagst, muss passieren.***[175] Als Führungskraft musst du eine verlässliche Basis haben. ***Die Leute müssen wissen: Aha, so tickt der,*** so Dieter Hecking. ***Das war auch mein Weg. Nicht wankelmütig werden, sondern bei meinem Weg bleiben, verlässlich sein.***[176]

Und dazu gehört es auch auszuhalten, dass man nicht jedem gefallen kann. Du wirst es als Chef einer Gruppe, eines Teams niemals schaffen, dass alle bei allen Maßnahmen und Entscheidungen Freudensprünge machen. Wer nur darauf aus ist, Sympathien einzusammeln, von allen gemocht zu werden, schafft es nicht weit in puncto authentisches Dasein. Wie geht ein Jürgen Klopp damit um? ***Ich sage mal: 50 Prozent der Leute finden mich gut und 50 Prozent denken: „Was ein Schwätzer. Zu viel Werbung und nach Niederlagen tickt er aus." Das kann ich ja nicht ändern, egal, was ich mache. Also geht es mir darum: Ich kann einfach ich bleiben und akzeptieren, dass 50 Prozent mich gut finden und 50 Prozent mich nicht gut finden.***[177] Der Preis, all jene einzufangen, die ihn sowieso „blöd" finden, ist Klopp zu hoch. Er zieht es vor, er selbst zu bleiben, von dem überzeugt zu sein, was ihn antreibt und prägt, um so die Leute abzuholen, die ihm wohlgesonnen sind. Die anderen? Da müsste er sich zu sehr verbiegen. Recht hat er.

Auch Markus Gisdol geht diesen Weg: ***Ich habe als Trainer immer versucht, so zu sein, wie ich bin, also sehr authentisch zu sein, mich nicht zu verbiegen, keine Angst zu haben vor Entscheidungen.***[178] Wenn es um Aufrichtigkeit im Kontext einer Führungsrolle geht, denken viele, es ginge in erster Linie darum, „klare Kante" zu zeigen, „sich nicht verbiegen zu lassen", „seinen Weg konsequent zu gehen" usw. Das alles gehört natürlich auch zu einem authentischen Weg dazu. Doch eine Anekdote von Norbert Elgert zeigt, dass wir auch die weniger dominanten und proaktiven Teile in uns akzeptieren sollten. Dass es eben darum geht, die vermeintlich schwächeren Persönlichkeitsanteile zu zeigen, denn erst das macht wahre Persönlichkeit aus. Elgert hatte als junger Trainer eine enge Bindung zu Otto Rehhagel. Die beiden begegneten sich immer wieder mal, so auch zu Beginn der 1990er-Jahre, als Elgert Jugendtrainer bei Wattenscheid 09 war. ***Wir siezten uns***, erzählt Elgert. ***Und ich fragte ihn: „Herr Rehhagel, bin ich nicht viel zu sensibel für den Job im Profibereich?" Da sagte er: „Wissen Sie was, junger Mann, wir haben alle eine Seele und wenn Sie nicht sensibel sind, dann können Sie Menschen nicht führen."***[179]

Die Sozialpsychologen Michael Kernis und Brian Goldman von der Universität von Georgia unterscheiden vier Kriterien, die erfüllt sein müssen, damit wir uns selbst als authentisch erleben:[180]

1. Bewusstsein: Wir müssen unsere Stärken und Schwächen ebenso kennen wie unsere Gefühle und Motive, also warum wir uns so oder so verhalten. Erst durch diese Selbstreflexion sind wir in der Lage, unser Handeln bewusst zu erleben und zu beeinflussen.
2. Ehrlichkeit: Wer authentisch sein will, muss der Realität ins Auge blicken und auch unangenehme Rückkopplungen – seien sie optisch oder verbal – akzeptieren.
3. Konsequenz: Wer Werte hat, sollte danach handeln. Das gilt auch für einmal gesetzte Prioritäten oder für den Fall, dass man sich dadurch Nachteile einhandelt. Kaum etwas wirkt verlogener und unechter als ein Opportunist.
4. Aufrichtigkeit: Natürlich lässt sich eine Zeitlang ein geschöntes Bild aufrechterhalten. Ein bisschen Show muss sein und so. Aber nicht, wenn es um Authentizität geht. Wer wahrhaftig sein will, muss die Größe zeigen, auch seine negativen oder vermeintlich schwächeren Seiten zu offenbaren.

Klingt einfach: sich zeigen und handeln, wie man denkt und fühlt. Authentizität beginnt also immer bei uns selbst. Wer versucht, Rollen und Klischees zu entsprechen, bewegt sich davon weg, ist zwar vielleicht beliebt, aber häufig auch opportun und unecht. Wieso ist das so schwer mit dem „Beisichsein"? Wir haben Angst, Angst davor, andere zu enttäuschen.

Wer sich mit folgenden Sätzen identifizieren kann, ist auf einem guten Weg. Ich habe diese Übung in einem Trainerworkshop gemacht. Die Trainer mussten einen Satz aus der linken

Spalte mit einem aus der rechten Spalte kombinieren, einem Satz, den sie innerlich auch wirklich fühlen:

Es ist nicht schlimm …	… andere (zu) verletzen.
Es ist okay …	… andere (zu) enttäuschen.
Ich habe die Erlaubnis …	… lächerlich (zu) wirken.
Ich darf …	… kritisiert (zu) werden.
Manchmal lässt es sich nicht vermeiden …	… andere (zu) verletzen.

Welcher Satz würde zu dir passen?

Wichtig ist, immer wieder die eigene Einstellung in einer Führungsrolle zu checken. Zu erkennen: Willst du dir selbst treu bleiben oder willst du anderen gefallen? Frage dich deshalb:

- Wie wichtig sind mir die Meinungen anderer zu Punkt x oder y?
- Was tue ich (nur), um gemocht und respektiert zu werden?
- Was würde ich niemals tun oder sagen, wenn ich mir 100 Prozent selbst treu bin?

Hinterfrage also, warum du Dinge so tust, wie du sie tust. Der Fokus muss sein, dass du dich nicht verstellst.

DIE DREIERKETTE FÜR AUTHENTIZITÄT

LEITSATZ

Mit Authentizität kommt man sich selbst und anderen nah.

DAS KÖNNEN FÜHRUNGSKRÄFTE VON ERFOLGREICHEN TRAINERN LERNEN

Sie teilen offen und ehrlich Dinge, die sie manchmal nicht im besten Licht dastehen lassen. Das macht sie jedoch menschlich und nahbar. Sie verstellen sich nicht und kennen ihre Stärken, Schwächen und Werte. Sie reagieren emotional, aber der Situation angemessen. Sie vertrauen auf ihr Wesen und verbiegen sich nicht. Das, was sie vorgeben, leben sie auch.

DREI GUTE FRAGEN

Was sind deine Stärken, Schwächen und Werte?
Wem willst du wann gefallen?
Gibt es eine Seite an dir, die man im beruflichen Umfeld nicht kennt?

AMBITION

„Der größte Motivator ist der, dass die Spieler das Gefühl haben, dass man sie besser macht. Wenn sie dieses Gefühl haben, dann folgen sie dir."

RALF RANGNICK

Es ist Anfang 2008. Die zweite Mannschaft des FC Augsburg, trainiert von einem gewissen Thomas Tuchel, spielt in der sechstklassigen Landesliga. Es steht ein wichtiges Auswärtsspiel beim TSV Gersthofen an. Der 34-jährige Tuchel ist schon damals ein großer Fan von Gegneranalysen. Er hat den Kontrahenten aus Gersthofen bereits ausführlich studiert, doch im Januar schickt er noch mal einen Beobachter nach Gersthofen. Man weiß ja nie ... Der Spielbeobachter ist ein Akteur seiner Landesligamannschaft, der wegen einer schweren Knieverletzung seine Karriere beenden musste. Mit 20 Jahren. Sein Name: Julian Nagelsmann, der fortan für Tuchel die Gegner beobachtet und analysiert. In der 6. Liga!

Es ist nur eine kleine Anekdote, nachzulesen in der Tuchel-Biografie von Daniel Meuren und Tobias Schächter, doch sie gibt einen Hinweis für die unglaubliche Akribie und den Ehrgeiz, den Tuchel bereits in frühen Jahren bei seiner Trainingsarbeit an den Tag legte. Selbst in der Landesliga lässt er seinen Gegner zweimal beobachten. Eine Akribie, die Nagelsmann auch als Spieler am eigenen Leib gespürt hat: „Thomas war extrem perfektionistisch, hat fast jeden Pass vorgegeben. Er hatte viele Spieler, die er viel gecoacht und ständig angeschrien hat, während des Spiels war er nie ruhig, hat einen nie in Ruhe gelassen. (…) Er war auch selten zufrieden mit dem, was wir gemacht haben“,[181] erzählt der Mann, der 2023 die DFB-Nationalmannschaft übernahm.

Es ist eine tragende Eigenschaft von Thomas Tuchel, beseelt vom Besserwerden zu sein. Er ist sich sicher: Wenn er es schafft, dass seine Spieler all das verinnerlichen, was er ihnen vorgibt, kommen die Resultate automatisch. Nicht nur die Resultate, sondern auch das harmonische Miteinander. Erfolg eint. Ein alter Spruch, der aber zutrifft. Kein Wunder, dass auch Julian Nagelsmann diese Philosophie vertritt. Er ist sich sicher, dass es vor allem auf den Inhalt ankommt, weniger auf die Beziehungsebene, die innerhalb eines Teams aufgebaut wird. Guter Fußball schweißt mehr zusammen als jeder Hüttenabend, so das Credo, das er in seiner Rolle als deutscher Nationaltrainer der Öffentlichkeit präsentiert. „Man will immer dieses ‚11 Freunde müsst ihr sein‘. Das ist in meinen Augen ein Käse. Das ist ja noch schwieriger als in der Schulklasse, wo alle dasselbe Alter haben. Aber selbst da hast du deine fünf, sechs Freunde. Dann gibt es fünf, sechs, da sagst du neutral. Und dann gibt es fünf, sechs, da sagst du, mit denen trinke ich jetzt keinen Kakao in der Pause. Und so ist es im Fußball auch. Am Ende schaffen wir diese Atmosphäre nicht durch irgendwelche Teambuildingmaßnahmen und auch nicht dadurch, dass wir ständig davon sprechen, wir müssen ein Team sein. [...] Am Ende werden wir diese Atmosphäre nur schaffen, wenn wir einen attraktiven, interessanten, aggressiven Fußball spielen, der uns als Mannschaft und jeden einzelnen Spieler, die Trainer begeistert. Wenn wir das machen, werden wir Spiele gewinnen. Und wenn wir das machen, kriegen wir auch eine Atmosphäre. Wenn wir einen schnöden Fußball spielen, können wir uns zehnmal in den Kreis stellen und sagen: Einer für alle, alle für einen“,[182] so der Bundestrainer im Oktober 2023.

Sein ehemaliger Trainer würde diese Sätze wahrscheinlich sofort unterschreiben. Auch Tuchel will inhaltlich überzeugen. Er ist ein Perfektionist, detailversessen, der aufgrund seines ausgeprägten Ehrgeizes vor allem eines nicht ertragen kann: wenn Spieler seine Vorgaben missachten. Einmal passiert das auch Marco Caligiuri. Mainz 05 absolviert gerade das Wintertrainingslager im Januar 2011 in Barcelona. Die Kameras des SWR zeigen, wie Tuchel seinen Spieler lautstark kritisiert, ihn zu zehn Liegestützen verdonnert und ihn vor allen anmahnt: „Marco, wach auf!“[183] Der Spieler erzählt, was der Auslöser für den Ärger gewesen war: „Wir spielten da Fünf-gegen-fünf. Ich war der Außenspieler und stand bei einer Ballannahme außerhalb des Spielfelds statt wie vorgegeben im Feld“,[184] sagt Caligiuri. Eine Lappalie? Vielleicht. Doch nicht für Tuchel. Es ist diese Besessenheit, mit der er seine Spieler und auch sich selbst besser macht.

Die Übertragung auf die Wirtschaftswelt ist nicht schwer. Auch in Unternehmen brauche ich als Führungskraft ein „inneres Feuer“, um das Team anzutreiben, zu inspirieren, zu mobilisieren. Ehrgeizige Menschen haben Ziele, die sie unbedingt erreichen wollen, sie geben sich vorher nicht zufrieden. Stillstand ist für diese Menschen tödlich. Das können sie nicht und wollen sie auch nicht. Es liegt eine große Kraft in dieser Haltung. Sie haben meist genaue Vorstellungen, wie sie ihre Teams von Erfolg zu Erfolg bringen, welche Meilensteine es braucht. Und auf diese wird dann unerbittlich hingearbeitet. Deshalb muss sich jeder, der in einer Führungsverantwortung ist, diese Fragen stellen:

- Brenne ich für das, was ich tue?
- Spüren die anderen, dass ich alles für den Erfolg der Gruppe unternehme?
- Mit welchem Gefühl stehe ich morgens auf? Kann ich es kaum erwarten, mit dem Team die nächsten Schritte zu gehen?

Unambitionierte Leute an der Spitze von Hierarchien hemmen sowohl die Erfolgsaussichten als auch die Performance. Ein Minimum an Ehrgeiz ist in einer Führungsrolle vonnöten. Zufriedenheit ist die Nahrung für Mittelmaß, habe ich mal gehört. Da ist auf jeden Fall etwas dran. ***Ich glaube, um erfolgreich zu sein, egal ob im Sport, in der Wirtschaft, im Beruf,*** sagt Inka Grings, ***musst du übertriebenen Ehrgeiz entwickeln, um einfach die Bereitschaft zu haben, bei Niederlagen oder bei großen Widerständen dagegen anzugehen.***[185]

Wichtig auch: Man muss sich für seinen Ehrgeiz nicht schämen. Noch immer werden Menschen schief angeschaut, wenn sie ihre Ambitionen oder ihren Ehrgeiz frei formulieren. Dabei ist Ehrgeiz etwas Positives, weil er antreibt, sich selbst und andere. Es gilt also, auch Mut zu haben, seinen Ehrgeiz kundzutun und mit den eigenen Ambitionen nicht hinter dem Berg zu halten. Ehrgeizige Menschen brauchen wenig externe Motivatoren und können mit dieser Haltung durchaus auch Vorbilder sein.

Geht der Ehrgeiz mit dem Willen einher, die Mitarbeitenden in ihrem Tun noch besser zu machen, wächst die Akzeptanz für anstrengende Maßnahmen. Wenn der Einzelne merkt, dass er persönlich einen Mehrwert hat, weil er sich weiterentwickelt, besser wird, mehr Chancen hat, Karriere zu machen, lässt er sich eher auf den anstrengenden Chef und dessen Forderungen und Vorgaben ein. Doch um andere fachlich besser zu machen, braucht es Sachkenntnis und Wissen auf Seiten der Führungskraft.

Als Tuchel mit Mainz als junger Trainer in der Bundesliga für Furore sorgte, studierte er stundenlang die Gegner und tüftelte jede Woche seinen Spielplan neu aus. Für diesen brauchte er auch immer unterschiedliche Spieler, sodass wöchentlich die Startelf massiv umgebaut wurde. Die Spieler mussten sich täglich aus der Komfortzone herausbewegen. „Ansporn zu Höchstleistung“,[186] nannte das der ehemalige Mainzer Spieler Andreas

Ivanschitz. Tuchel legte in all seinen Trainerzeiten einen Ehrgeiz an den Tag, mit dem die allermeisten kaum Schritt halten konnten. Doch wer es wenigstens versuchte, hatte die Chance, sich zu verbessern. Deshalb schwören noch heute viele seiner Ex-Spieler auf den Trainer Tuchel: Weil er sie antrieb und ihnen Input weitergab, der sie besser machte, aber auch, weil er so unglaublich viel Detailarbeit verrichtete. Nationalspieler Matthias Ginter beschrieb die Trainingsarbeit in Dortmund so: „Tuchel versucht, aus jeder Einheit das Maximum herauszuholen. Wenn etwas nicht zu 100 Prozent seinen Vorstellungen entspricht, dann unterbricht er sofort und gibt uns Tipps an die Hand, um besser zu werden."[187]

Es ist ein unglaubliches Pfund für einen Trainer, wenn die Spieler merken, dass sie sich weiterentwickeln. Dadurch und dank des eintretenden Erfolgs ist gewährleistet, dass sie auch über Dissonanzen im persönlichen Kontakt hinwegsehen. Für Ralf Rangnick ist ***der größte Motivator der, dass die Spieler das Gefühl haben, dass man sie besser macht. Wenn sie dieses Gefühl haben, dann folgen sie dir.***[188] Für den österreichischen Nationaltrainer ist dieser Umstand gar nicht hoch genug einzuschätzen. ***Geld, Prämien, Bonuszahlungen sind nicht wirklich nachhaltig für eine höhere Motivation***, sagt der Ex-Coach von Manchester United. Für ihn ist deshalb die logische Folge: ***Mein Anspruch ist, dass ich meinen Spielern das Gefühl geben will, dass ich alles unternehme, damit sie sich entwickeln und besser werden.*** Auch Bo Svensson, bekennender Tuchel-Anhänger, denkt so: ***Ich versuche, meine Spieler so zu führen, dass sie besser werden und nicht mein Ego zu pflegen.***[189]

Damit die Zusammenarbeit funktioniert, braucht es aber auch die Spieler, die weiterentwickelt werden wollen und die viel in Kauf nehmen, um die nächste Stufe zu erreichen. Spieler dieser Art saugen alles auf, ob ungewohnte neue Trainingsformen, Ernährungsumstellungen oder ein strengeres Coaching. Die meisten Spieler lechzen danach. Hermann Gerland erzählt aus seiner eigenen Zeit als junger Spieler beim VfL Bochum unter Trainer Heinz Höher: „Ich wollte mich in anderen Bereichen verbessern, wollte lieber das trainieren, was ich nicht konnte. Abschlüsse, Kopfbälle, Ballannahme, Ballmitnahme, alles Sachen, die man hätte schulen können. Ich wollte trainieren, ich wollte lernen und hätte alles gemacht, um besser zu werden. Aber Trainer waren damals kaum daran interessiert, mit den Spielern einzeln an ihren Stärken und Schwächen zu arbeiten."[190] Diese Zeiten haben sich geändert. Heute ist es die grundsätzliche Frage an einen Trainer: Schaffst du es, mich als Spieler besser zu machen? Und vor allem: Wie?

Oft sind es naturgemäß die jüngeren Spieler, die für Neuerungen seitens des Trainers offen sind. Spieler, die schon einiges erreicht haben, tun sich meist etwas schwerer damit. Doch ich habe viele prämierte und erfahrene Spieler wie Arjen Robben beim FC Bayern in der Trainingsarbeit erlebt, die von neuen Anforderungen und Lehrmethoden eines Pep Guardiola begeistert waren. Robben spürte sofort: Dieser Trainer hilft mir, dass ich besser werde.

Was ist also mein Beitrag dazu, dass Spieler und Mitarbeitende besser werden? Eine Frage, die sich jede Führungskraft stellen sollte. Die Spieler besser machen, ambitionierte Ziele zu haben, mit Ehrgeiz andere anzustacheln, sollte zur DNA eines jeden Trainers gehören. Thomas Tuchel verkörpert das perfekt, aber es braucht daneben auch die nötige Empathie und Wärme.

Viele erfolgreiche Trainer verstecken ihre Akribie und ihren Perfektionismus hinter einer einnehmenden und souveränen Persönlichkeit. Doch ich habe die Erfahrung gemacht, dass sich gerade Menschen, bei denen alles locker und leicht aussieht, sich – unbemerkt von der Öffentlichkeit – extrem gut vorbereiten. Je lockerer es aussieht, desto mehr haben sie im Vorfeld gearbeitet. Franz Beckenbauer, der die Nationalelf 1990 zum WM-Titel führte, war so ein Trainer, aber auch Ottmar Hitzfeld. Jürgen Kohler gewann mit ihm 1997 mit Borussia Dortmund die Champions League: ***Hitzfeld war immer top vorbereitet, selbst für die Pressekonferenzen. Wenn wir abends mal bei ihm ein Gespräch hatten, da hat er Flipcharts gehabt, wo eventuelle Fragen der Journalisten notiert waren.***[191] Hitzfeld investierte bis zum Schluss seiner Karriere unglaublich viel Zeit in die Vorbereitung. ***Ich habe jeden Tag zur Mannschaft gesprochen. Ich habe mich gut vorbereitet und überlegt, was ich zur Mannschaft sagen kann. Auch vor dem Training. Nicht zu viel, aber man muss die Spieler immer wieder ein bisschen motivieren. Jeder hat ja eine andere Einstellung und so kann man seine Philosophie den Spielern gut vermitteln. Das habe ich immer so gemacht. Und die intensive Vorbereitung auf das, was ich zur Mannschaft sage, hat auch mir geholfen.***[192] Außerdem notierte er sich stets seine Gedanken und das, was er sagen wollte. Ganz bewusst. ***Denn sobald man etwas schreibt, kann man es sich auch besser einprägen.*** Und das war für ihn essenziell.

Auch Christoph Daum tickte so, wie Kosta Runjaić weiß. Er erlebte Daum bei einem Praktikum in Istanbul bei Fenerbahçe: ***Daum hat mir bei meinem Praktikum sehr viel Werkzeug und Unterlagen mitgegeben, die ich heute noch nutze. Das Gebot der Schriftlichkeit hat mir besonders imponiert. „Wer schreibt, der bleibt“, hat er gesagt. Ich war dementsprechend immer bestens vorbereitet, hatte Stift und Papier in meiner Trainingshose. Ich finde, da ist schon was Wahres dran. Daum war sehr strukturiert und detailversessen. Dazu immer sehr gut informiert und vorbereitet.***[193] Eine Erfahrung, die Runjaić prägte. ***Ich denke, dass ich heute zum Teil ähnlich arbeite.***

Für Hitzfeld hatten diese Momente, in denen er zu seinen Spielern oder zu Journalisten sprach, bis zum Ende seiner Karriere eine enorme Bedeutung. Für ihn war immer klar: ***Als Trainer ist jedes Wort wichtig. Ein gesprochenes Wort ist einfach draußen, nicht mehr zurückzuholen.***[194] Auch in Einzelgesprächen. Deshalb war es für ihn auch wichtig, sich auf solche Gespräche vorzubereiten, sie nicht auf die leichte Schulter zu nehmen: Was ist das Ziel des Gesprächs? Worum geht es mir? Was soll der Spieler mitnehmen?

Vorbereitung hat auch damit zu tun, wie ehrgeizig man ist. Reichen 90 Prozent oder müssen es immer 100 Prozent sein? Auch da war Hitzfeld ein Vorbild. Natürlich hatte er seinen Ehrgeiz. ***Meine Zielsetzung war immer ein Titel***, erzählte er mir. ***Ob Zug, Aarau, Zürich oder Dortmund. Ich habe nicht gesagt, wir werden Titel holen, aber dass unser Ziel sein muss, ganz oben zu stehen. Die Spieler waren auch noch nicht so weit, um das selbst mitzugestalten. Doch Führung beinhaltet immer, die Leitplanken zu setzen.*** Und die waren bei Hitzfeld klar, nämlich alles dem Erfolg unterordnen.

Spieler müssen spüren, dass es einem Trainer nicht egal ist, wenn verloren wird, weil Dinge nur halbwegs funktionieren. Sie müssen spüren, dass es sogar recht unangenehm werden könnte, wenn so etwas passiert. Ziele können nur erreicht werden, wenn man für sie lebt. ***Ich weiß auch, dass ich nicht alle Spiele gewinnen kann***, sagt Horst Hrubesch, ***aber ich kann nicht damit leben, wenn ich nicht alles dafür getan habe.***[195]

Heutzutage wird gerade von der Öffentlichkeit und den Medien schnell die „fehlende Mentalität“ von Mannschaften kritisiert. Der Umgang damit stellt viele Vereine und Trainer vor eine Herausforderung. Für Hrubesch sind Mentalitätsprobleme nicht schwer zu lösen. Sein Rezept: ***Wenn ich nur noch Technik trainiere und vergesse, dass Zweikämpfe gewonnen werden müssen, dann habe ich ein Problem nachher, was die Mentalität angeht. Man muss Trainingseinheiten machen, wo man auf die Zähne beißen muss. Wenn du etwas errei-***

chen willst, musst du mehr tun als andere. Das Talent allein reicht nicht.

Es ist Aufgabe des Trainers und damit auch der Führungskraft, diese Einstellung vorzuleben und gleichzeitig seine bzw. ihre Spieler und Mitarbeitenden anzustacheln, ihnen klarzumachen, dass Einsatz, Fleiß und Mehrarbeit die Grundlage für Erfolg sind. Runjaić bringt es auf den Punkt: ***Du musst als Trainer vorneweg gehen, um eine Mentalität zu ändern. Um acht Uhr morgens da sein und um acht abends die Arbeit beenden. Du musst dir bewusst sein, dass sich alle an dir ausrichten. Du bist der Leuchtturm.***[196] Ein wichtiger Punkt. Als Führungskraft muss einem klar sein, dass alles beobachtet wird, was man tut, mit wem man spricht, wen man lobt, ob man pünktlich kommt, was man anhat, ob man sich verspricht etc. Als Chef hat man eine besondere Rolle inne und dessen muss man sich bewusst sein. Der Vergleich mit einem Leuchtturm, den Runjaić anstellt, ist sehr treffend: Man sollte leuchten und anderen den Weg zeigen, indem man das vorlebt, was man verlangt. Wenn schon die Spieler hart für den Erfolg arbeiten sollen, dann muss es der Trainer allemal. Jürgen Klopp sieht das auch so: ***Ich fühle mich für Niederlagen viel mehr verantwortlich als für Siege. Ich kann sogar sagen: Für Siege fühle ich mich manchmal gar nicht verantwortlich. Sich für eine Niederlage verantwortlich zeigen, bedeutet dann gleichzeitig, dass ich dafür sorgen muss, dass wir das nächste Spiel nicht auch noch verlieren. Wo war ich nicht gut genug? Wo war ich nicht klar genug? Wo habe ich mich nicht richtig ausgedrückt? […] Wenn etwas nicht funktioniert hat, dann muss ich besser werden.***[197]

Einer, der seinen Spielern immer viel abverlangte, ist Felix Magath. Der erfolgreiche Trainer wurde von der Presse schnell mit dem Spitznamen „Quälix“ versehen. Doch wer den Trainer privat spricht, ist von seiner Eloquenz und Lockerheit überrascht. Das hat Gründe: ***Ich habe in meinem Leben immer un-***

terschieden zwischen Privat- und Berufsleben. Im Berufsleben ging es für mich um Leistung. Privat geht es für mich nicht um Leistung, es geht um angenehme Sachen wie Rotwein, Erdbeerkuchen mit Sahne, das liebe ich. Das gönne ich mir, auch meinen anderen Familienmitgliedern. Oder auch meinen Spielern – wenn sie im Urlaub sind.[198] Doch sobald Magath im Trainermodus ist, wechselt er die Einstellung: *Für mich sind das zwei Welten – das Privatleben und das Berufsleben. Für mich hat man im Berufsleben zu funktionieren. Es geht darum, dass ich meine Leistung bringe im Beruf. Das hat mit Privatleben nichts zu tun*, sagt er.

Diese Einstellung rührt von seinem eigenen Ehrgeiz her, der ihn Zeit seines Lebens geprägt hat. Mit viel Humor und vielen Lachern im Publikum erzählte er bei einer LEADERTALK-Veranstaltung in Hamburg, welche Auswirkungen sein Ehrgeiz heute noch hat: *Meine Mutter hatte die unschöne Eigenschaft, dass es ihr nichts ausgemacht hat, wenn sie verloren hat. Ich kann bis heute mit solchen Menschen kaum umgehen. Ich kann nicht verlieren und ich will nicht verlieren und ich will mich auch nicht daran gewöhnen zu verlieren. In meiner Familie spielt schon lange keiner mehr mit mir, weil es sonst immer zum Eklat kommt, wenn ich auf der Verliererstraße bin. Dann breche ich schon mal ein Spiel vorzeitig ab.* Magath will gewinnen – immer. Und tut alles dafür. Seine Spieler sollen es ihm gleichtun. Warum er so viel von seinen Mannschaften verlangt, hat auch mit seinem Trainerlehrgang des DFB zu tun, wie mir Magath verriet.

Ein Vortrag dort blieb bei ihm besonders hängen. Er vernahm, dass der Mensch nur 80 Prozent seines Leistungsvermögens abrufen könne und überhaupt nur auf die 80 Prozent kommt, wenn er unter Todesangst leidet. Ansonsten bleibe der Mensch sogar noch unter 80 Prozent seines Leistungsvermögens. *Es ist also absolut menschlich, dass niemand oder kaum jemand von sich aus Höchstleistung bringt*, schloss Magath daraus. Die Ableitung daraus war für ihn klar: ***Wenn ich mit meiner Mannschaft Erfolg haben will, dann muss ich versuchen, die Leistungsgrenze rauszuschieben. Nicht, dass ich meine Spieler in Todesangst versetzen will, aber ich muss Druck machen, um möglichst viel Leistung von den Spielern zu bekommen***, erzählte mir Magath. Und? ***Komischerweise hat das ja auch funktioniert***, stellt er fest. Allein ihm und seinem Image habe das ***nicht so gutgetan***, sagt er. Aber: ***Ich war fast überall erfolgreich***, resümiert Magath nicht ohne Stolz.

So sind also jene Trainer gestrickt, die vor allem mit Ehrgeiz, Ambition und Besessenheit ihre Teams antreiben. Doch das hat meistens Folgen. Gerade der ehrgeizige Thomas Tuchel muss damit leben, dass er relativ empathielos wirkt. Magath will sich erst gar nicht in dieses Raster pressen lassen: ***Mir ging es in meinem Beruf nie darum, beliebt zu sein, sondern mir ging es immer darum, maximalen Erfolg zu haben. Ich habe immer Angst davor gehabt, dass alle sagen: „Oh, den Trainer, den liebe ich, der ist so gut, der ist so nett, der ist so lieb.“***

Auch über Jürgen Klopp wird gerne mal so gesprochen. Der gebürtige Schwabe ist aber nicht weniger ambitioniert. Im Gegenteil. Der Ehrgeiz von „Kloppo“ ist da, ständig spürbar für die, die mit ihm zusammenarbeiten. Seine Wutausbrüche am Spielfeldrand sind oftmals seinem Gerechtigkeitssinn geschuldet, gerade dann, wenn Schiedsrichter mal wieder so pfeifen, dass Klopp das so gar nicht verstehen mag. Doch noch viel mehr treibt ihn sein Ehrgeiz an, der in seinen Ansprachen und in allem, was er tut, zu 100 Prozent spürbar ist, wie mir viele seiner Ex-Spieler berichteten. Er zeigt sich aber auch in seinem unbedingten Willen, sich selbst als Trainer weiterzuentwickeln, um Trainerkollegen wie Mikel Arteta, Pep Guardiola oder Erik ten Hag in der Premier League auf Augenhöhe zu begegnen. Ohne diesen Ehrgeiz hätte sich Jürgen Klopp in

Liverpool nie zu dem Welttrainer entwickeln können, der die Champions League und die Meisterschaft in der besten Liga der Welt gewonnen hat.

Doch neben dem Gewinnenwollen hat Klopps Antrieb auch mit einer Vision zu tun, die er mir im LEADERTALK erstmals darlegte und die mit Trainerlegende Wolfgang Frank zu tun hat, der ihn in Mainz formte und prägte: *Wolfgang Frank hat immer gesagt, er freue sich auf den Tag, wenn er oben in der Schweiz auf dem Berg sitzt, wo er dann leben wollte – was unglücklicherweise nicht hingehauen hat –, und wir dann alle zu ihm kommen und ihm von unseren Heldentaten erzählen. Dieses Bild ist mir nicht aus dem Kopf gegangen. Und im Grunde geht es mir da ganz ähnlich. Das mache ich jetzt mit meinen Spielern. Ich möchte mit den Jungs Geschichte schreiben. Aber nicht für die Außenwelt, nicht die Geschichte, dass wir die Besten, die Größten sind, sondern unsere Geschichte schreiben.*[199] Klopp sagt: *Ich versuche, alles zu gewinnen, und wenn das nicht funktioniert, will ich, dass wir ganz viele tolle, tolle Tage gehabt haben.* Ein Beispiel: *Ich habe ja mit meinen Dortmund-Jungs nicht nur gewonnen, aber wir sind zweimal Meister geworden und haben einmal den Pokal gewonnen. Im Rückblick heute kann ich dir aber nicht einmal die Tabellenplätze von den Jahren davor sagen. Ich kann mich daran erinnern, dass wir im Finale der Champions League 2013 gestanden haben. Aber davor? Viertelfinale, Achtelfinale? Ich weiß es nicht, aber das Gefühl, was wichtig ist: Wir haben alles rausgepresst! Und deshalb sind wir heute fein damit und haben alle genau dieses gewünschte Lächeln im Gesicht, wenn wir auf die Zeit zurückblicken.*

Es geht also nicht nur um Ergebnisse, sondern auch um die Art und Weise, wie diese erreicht werden. Wenn die stimmt, steigt die Wahrscheinlichkeit des Erfolgs. Für Jürgen Klopp ist das „Wie" entscheidend, für viele andere auch. Es gibt aber auch eine Haltung, die absolut nur das „Was“ in den Vordergrund stellt. Da geht es nur um das Ergebnis. Der Druck wird absichtlich erhöht, um Leistung herauszukitzeln. Der FC Bayern München ist dafür ein gutes Beispiel. Seit vielen Jahren sind die Bayern kaum von ihrer Spitzenposition in der 1. Bundesliga zu verdrängen. Die besten finanziellen Mittel sorgen für die nötige Qualität im Kader, doch es ist vor allem die Denkweise, die Bayern von allen anderen deutschen Fußballvereinen unterscheidet. Jedem Spieler, der nach München kommt, wird mit Nachdruck die Siegermentalität verabreicht. Frei nach dem Motto: Ab sofort gehörst du zu den Gewinnern und so musst du auch auftreten und spielen. Und so hat das bayrische Selbstverständnis, das auch im Vereinsmotto „Mia san mia“ zum Ausdruck kommt, schon für viele Wendungen in engen Spielen gesorgt, einfach weil die Spieler diese Überzeugung in sich trugen: Wir sind stark genug. Das ist schon seit Jahren so.

Auch für Jürgen Kohler, der 1989 vom damaligen Spitzenklub Köln zu den Bayern wechselte, war das eine Umstellung. ***Als wir auf dem zweiten Platz standen, fragte mich Uli Hoeneß mal, ob ich zufrieden sei. Ich sagte daraufhin: „Ja, das ist schon okay.“ Da sagte er zu mir: „Du, pass auf, in München gibt es nur den ersten Platz, der zweite Platz ist der Verliererplatz.“ Das ist hängengeblieben. Von ihm habe ich sehr viel gelernt, was es heißt, für den Erfolg zu arbeiten,***[200] sagt der Verteidiger im Nachhinein. Eine Philosophie, die bis heute den besten deutschen Verein trägt und prägt.

DIE DREIERKETTE FÜR AMBITION

LEITSATZ

Mit Ehrgeiz und Ambition kann ich andere zu Höchstleistungen anspornen.

DAS KÖNNEN FÜHRUNGSKRÄFTE VON ERFOLGREICHEN TRAINERN LERNEN

Sie wollen den absoluten Erfolg und arbeiten akribisch dafür. Dabei glänzen sie mit großer Fachkunde, mit der sie ihre Spieler besser machen können. Niederlagen sind für sie ein Gräuel und das spürt auch das Team. Sie verlangen deshalb 100-prozentigen Einsatz und leben das auch vor. Sie wissen, dass manche zu ihrem Glück gezwungen werden müssen und erhöhen deshalb gerne mal den Druck.

DREI GUTE FRAGEN

Brenne ich für das, was ich tue?
Mache ich meine Mitarbeitenden besser?
An welcher Stelle würde mir mehr Ehrgeiz weiterhelfen?

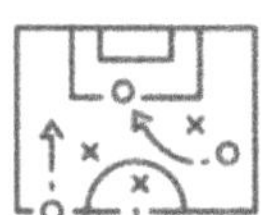

NACHSPIELZEIT

Das Schöne an uns Menschen ist, dass wir so unterschiedlich sind. Jeden Einzelnen von uns gibt es so nur genau einmal. Das macht unsere Stärke aus. Die Erfahrungen, die wir gemacht haben, hat so kein anderer erlebt. Die Wesenszüge und Prägungen, die unsere Persönlichkeit ausmachen, hat kein anderer in dieser Form in sich vereint. Das Äußerliche gibt es ebenfalls kein zweites Mal, es sei denn, man hat einen Zwilling.

Unsere Unverwechselbarkeit, unsere Individualität ist das große Geschenk, das wir oftmals zu selten als ein solches betrachten. Jeder von uns ist besonders. Und über diesen Schatz, den jeder Mensch in sich trägt, sollten wir uns bewusst sein – trotz aller Wünsche, Dinge besser zu machen, zu sagen und zu erleben.

Dieses Buch soll helfen, Ansätze zu finden, um eigene Führungskompetenzen in Bezug auf Teams zu verbessern. Es soll Impulse liefern, um Dinge zu hinterfragen. Es war mein Anliegen aufzeigen, worauf es bei Führenden tatsächlich ankommt, um andere zu motivieren und das volle Potenzial einer Gruppe, einer Mannschaft, eines Teams nutzen zu können. Und dennoch ist es wichtig zu erkennen: Was unterscheidet mich in meinem Denken und Handeln von anderen? Was habe ich, was andere nicht haben? Was mache ich bereits gut? Worin liegt schon jetzt meine besondere Kernkompetenz?

Sicher, es gilt, die Impulse, Gedanken und Erkenntnisse aus dem Gelesenen an- und mitzunehmen. Man bildet sich immer weiter und lernt dazu. Doch das Erlernte sollte mit dem gemischt werden, was bereits als Fundament vorhanden ist. Menschen wollen keine Kopien, sie sehnen sich nach Originalen. Sich selbst zu vertrauen ist ein hohes Gut. Geschieht das im Zusammenspiel mit neuen und richtigen Impulsen von außen, ist das ein wunderbarer Ansatz. Insofern spricht mir Frank Schmidt aus der Seele. Er ruft in seiner Autobiografie Trainern zu: „Wenn ihr versucht zu kopieren, läuft etwas komplett falsch. Seid euch eurer Sache sicher, auch wenn es Gegenwind gibt. Seid bei euch, macht euch Gedanken, was ihr für richtig haltet …"

In diesem Sinne: Viel Spaß beim Umsetzen!

Ich freue mich über persönliches Feedback zum Buch.
Schreibt mir gerne an die E-Mail-Adresse:
lesung@mounirzitouni.de

EHRENRUNDE

Um Dinge zu schaffen, braucht jeder Mensch Helfer, Unterstützer und Rückenstärker. Ohne diese Menschen wäre es auch für mich schwer geworden, dieses Buch so zu veröffentlichen. Ihnen allen bin ich zu großem Dank verpflichtet.

Vor allem Nina, meiner Frau, die mir in unzähligen Gesprächen mit liebevoller Geduld und Ausdauer ihre besondere Sichtweise darlegte und mir damit ein unglaublich wichtiges Feedback gab. Dank ihres Inputs wurde dieses Buch so, wie es ist.

Ich möchte auch Helen danken, in deren wunderbarem Haus auf Sansibar ich im Beisein des süßesten Schäferhundes Yippie den Großteil des Buches verfasste.

Kai, mein Literaturagent, glaubte von Beginn an, dass es mit dieser Buchidee klappen könnte. Mit metropolitan fanden wir einen Verlag, der mit viel Begeisterung und Leidenschaft das Buch zur Realität werden ließ. Ich hätte mir mit Programmleiterin und Lektorin Melanie keine bessere Ansprechpartnerin wünschen können.

Schließlich danke ich Ralf Rangnick für seinen besonderen Support sowie allen anderen Trainerinnen und Trainern, die sich auf den LEADERTALK eingelassen haben und die ich in diesem Buch zitieren konnte.

Natürlich gilt es, den Sport1-Verantwortlichen „Danke" zu sagen, die immer an mein Podcastformat geglaubt haben und mit denen ich wachsen konnte.

Und schließlich waren da all die Hörerinnen und Hörer, die mir viel Mut zusprachen, an mein Buchprojekt zu glauben und es in die Tat umzusetzen.

Euch allen: DANKE!

Euer Mounir

AUFSTELLUNG

Addo, Otto, geb. 9. Juni 1975

Von 2009 bis 2015 trainierte Addo die U-19-Mannschaft des Hamburger SV. Von Januar 2016 bis Sommer 2017 war er Co-Trainer von Kasper Hjulmand beim FC Nordsjælland. Danach zog es ihn zu Borussia Mönchengladbach, wo er zwischen 2017 und 2019 Talentetrainer und Co-Trainer in der Jugend war. Seit 2019 übt er den Job des Talentetrainers für Borussia Dortmund aus. Als Nationaltrainer von Ghana qualifizierte sich Addo für die WM 2022 in Katar und betreute das Team auch während der WM. Seit 2024 ist Addo wieder Nationaltrainer Ghanas. *(Seite 87)*

Arteta, Mikael, geb. 26. März 1982

Arteta arbeitete ab 2016 zunächst als Co-Trainer unter Pep Guardiola bei Manchester City, bevor er im Dezember 2019 zum Cheftrainer des FC Arsenal ernannt wurde. Dort machte er den Verein wieder zu einer der stärksten Adressen in England. Als Cheftrainer des FC Arsenal gewann Arteta 2020 den FA Cup. *(25)*

Baum, Manuel, geb. 30. August 1979

Baum fing 2007 als Spielertrainer von Bayernligist FC Unterföhring an. Von 2009 bis 2011 trainierte er den FC Starnberg. 2012 wurde er Co-Trainer von Heiko Herrlich bei der SpVgg Unterhaching, leitete dort von 2012 bis 2014 in Cheffunktion die Profimannschaft. 2014 kam der Wechsel zum FC Augsburg, wo er Cheftrainer im Nachwuchsleistungszentrum (NLZ) wurde. 2016 ernannte man ihn dort zum Cheftrainer in der Bundesliga. Das blieb Baum drei Jahre. Von 2019 bis September 2020 trainierte er die U-20-Auswahl beim DFB. Er wechselte dann zu Schalke 04, das damals noch Bundesligist war, wurde dort jedoch nach nur vier Monaten entlassen. Im Juni 2023 wurde Baum Sportlicher Leiter des NLZ von RB Leipzig. *(35, 48, 49, 50, 51, 156)*

Berndroth, Ramon, geb. 24. März 1952
Berndroth trainierte in der Saison 1990/91 den drittklassigen Oberligisten Viktoria Sindlingen, wo damals ein gewisser Jürgen Klopp spielte. Von 1991 bis 1997 arbeitete er als Amateurtrainer oder Co-Trainer für Eintracht Frankfurt. Von 1997 bis 1999 war er Trainer des VfB Lübeck. 1999 übernahm er die 2. Mannschaft von Kickers Offenbach. Von 2000 bis 2003 trainierte er die Profis von Offenbach. Es folgten die Stationen VfR Neumünster, 1. FC Eschborn und wieder OFC II. 2008 wurde er Co-Trainer in der 2. Liga beim FSV Frankfurt. Er trainierte die Zweite Mannschaft des FSV Frankfurt und ging 2011 als Sportkoordinator zurück zum OFC. 2014 wechselte er zu Darmstadt 98, war dort NLZ-Leiter sowie Jugendkoordinator und trainierte interimsweise 2016 auch die Profis in der Bundesliga. 2019 ging er zurück zu Kickers Offenbach in der Rolle des Sportkoordinators. *(29)*

Blessin, Alexander, geb. 28. Mai 1973
Blessin arbeitete von 2012 bis 2020 in der Jugendakademie von RB Leipzig, bevor er erfolgreicher Cheftrainer in Belgien beim KV Oostende wurde. Im Januar 2022 wechselte er zum CFC Genua, wo er aber nur

einige Monate blieb. 2023 kam der Schritt zurück nach Belgien zu Royale Union Saint-Gilloise, mit denen er in der Liga und in der Conference League für Furore sorgte. Zur Saison 2024/25 2024/25 wechselte er in die erste Fußballbundesliga zum Aufsteiger FC St. Pauli als Cheftrainer. *(26)*

Breitenreiter, André, geb. 2. Oktober 1973
Der Ex-Stürmer wurde 2011 Trainer des TSV Havelse in der Regionalliga Nord. 2013 wechselte er zum SC Paderborn und stieg mit dem Verein in die Bundesliga auf. 2015 endete sein Engagement nach dem Abstieg in die 2. Liga. Schalke trainierte Breitenreiter von 2015 bis 2016 und musste dort nach der Saison trotz eines fünften Platzes in der Bundesliga gehen. Mit Hannover stieg Breitenreiter 2017 in die Bundesliga auf, im Januar 2019 kam es dort zur Entlassung. 2021 übernahm er den FC Zürich und wurde prompt Schweizer Meister. Von 2022 bis Februar 2023 trainierte er die TSG Hoffenheim. Im Februar 2024 übernahm Breitenreiter den englischen Zweitligisten Huddersfield Town, den er im Mai 2024 wieder verließ. Im Januar 2025 stieg er als Cheftrainer des Zweitligisten Hannover 96 ein. Im April 2024 trennten sich Trainer und Verein wieder. *(98, 104, 109)*

Daum, Christoph, geb. 24. Oktober 1953, gest. 24. August 2024
Daum wurde 1985 Co-Trainer beim 1.FC Köln. Im September 1986 übernahm er das Team als Cheftrainer auf einem Abstiegsplatz und führte es noch auf Platz 10. Er wurde mit Köln zweimal Zweiter, im Sommer 1990 entließ man Daum wegen fehlenden Vertrauens. Von November 1990 bis Dezember 1993 arbeitete Daum beim VfB Stuttgart. Mit dem VfB gewann er 1992 die Deutsche Meisterschaft. Mit Beşiktaş

Istanbul errang er in der Türkei zwischen 1994 und 1996 eine Meisterschaft und einen Pokalsieg. Danach fing er bei Bayer Leverkusen an, wo er dreimal Zweiter wurde. Infolge des Drogenskandals entließ Bayer ihn im Oktober 2000. Es folgte 2001 die Rückkehr zu Beşiktaş. Danach hatte Daum ein erfolgreiches Jahr bei Austria Wien, wo er das Double gewann. Danach ging er von 2003 bis 2006 zu Fenerbahçe Istanbul, wo er zwei Meistertitel holte. 2006 kehrte er zum 1. FC Köln zurück und stieg mit den Rheinländern in die Bundesliga auf. Es folgte ein Abstieg mit Eintracht Frankfurt (2011), eine Vizemeisterschaft beim FC Brügge und eine Episode bei Bursaspor (2013–2014). Seine letzte Station war die des Nationaltrainers von Rumänien von Juli 2016 bis September 2017. *(26, 45, 46, 47, 77, 80, 97, 98, 102, 103, 143, 155)*

di Salvo, Antonio, geb. 5. Juni 1979

Der ehemalige Stürmer von Hansa Rostock und 1860 München wurde 2011 Co-Trainer der U-17-Mannschaft des FC Bayern. 2013 wechselte er als Co-Trainer zum DFB und übernahm die U-19-Auswahl. Drei Jahre später wurde er zum Co-Trainer von Stefan Kuntz bei der deutschen U-21-Nationalelf ernannt. Schließlich beerbte er Kuntz 2021 als U-21-Cheftrainer. *(116)*

Dutt, Robin, geb. 24. Januar 1965

2000 wurde Dutt erstmals Cheftrainer, bei der TSF Ditzingen in der Oberliga. 2002 wechselte er zu Kickers Stuttgart. Mit dem SC Freiburg hatte er von 2007 bis 2011 eine erfolgreiche Zeit und stieg mit den Breisgauern in die Bundesliga auf. Es folgte Leverkusen (2011–2012) und ein Intermezzo beim DFB als Sportdirektor. 2013 übernahm er Werder Bremen, schied dort aber 2014 nach einer Sieglosserie wieder aus. Von

Januar 2015 bis Mai 2016 arbeitete Dutt als Sportvorstand beim VfB Stuttgart. Von 2018 bis 2019 war der Deutschinder Trainer des Zweitligisten VfL Bochum. Zwischen 2021 und März 2023 coachte Dutt den österreichischen Erstligisten Wolfsberger AC. *(86, 106, 107, 150, 154)*

Elgert, Norbert, geb. 13. Januar 1957

Norbert Elgert war zwischen 1993 und 1995 U-19-Trainer von Wattenscheid 09. Danach trainierte er ein Jahr lang den FC Rhade, bevor er 1996 als U-19-Trainer bei Schalke 04 startete. Bis heute arbeitet er für Schalke. In seiner Rolle als U-19-Coach gewann er drei nationale Juniorentitel. 2002/03 hatte er auch die Funktion des Co-Trainers unter Frank Neubarth inne. *(36, 44, 50, 75, 81, 85, 157, 164, 165)*

Fink, Thorsten, geb. 29. Oktober 1967

2006/07 stieg Thorsten Fink mit den Amateuren des FC Salzburg in die 2. österreichische Liga auf. Danach arbeitete der Ex-Bayernprofi 2007/08 unter Giovanni Trapattoni als Co-Trainer in Salzburg. Er wurde im Januar 2008 Cheftrainer vom FC Ingolstadt und stieg mit den Bayern in die 2. Liga auf. Nach seiner Entlassung dort 2009 ging er zum FC Basel und wurde 2010 Double-Sieger sowie 2011 Meister. Es folgte der Wechsel im Oktober 2011 zum Hamburger SV, wo er das Team auf dem letzten Platz übernahm und am Ende in der Liga hielt. Nach seiner Entlassung 2013 ging er im Frühjahr 2015 zu APOEL Nikosia, wo er aber nur wenige Monate blieb. Für die nächsten zweieinhalb Jahre hieß Finks nächste Station Austria Wien. Danach folgte ein Engagement bei Grasshoppers Zürich (2018–2019) und Vissel Kobe in Japan (2019–2020). 2022 arbeitete er kurz für den FC Riga in Lettland und den Al-Nasr Sports Club in Dubai. 2023 übernahm er den belgischen Erstligisten VV St. Truiden. Anfang Juni 2024 verließ er den Verein wieder und unterschrieb zur Saison 2024/25 einen Vertrag mit unbefristeter Laufzeit beim Ligarivalen KRC Genk. *(111, 142)*

Flick, Hansi, geb. 24. Februar 1965

Von 1996 bis 2000 war Flick Trainer des unterklassigen Vereins Victoria Bammental. Von 2000 bis 2005 trainierte der die TSG Hoffenheim in der Regionalliga. Nach einer kurzen Episode bei RB Salzburg ging er 2006 zum DFB und wurde Co-Trainer unter Jogi Löw. Nach dem Gewinn der Weltmeisterschaft 2014 in Brasilien hörte Flick beim DFB als Trainer auf und arbeitete bis 2017 als Sportdirektor. 2017 startete er in Hoffenheim als Geschäftsführer, doch bereits nach acht Monaten erfolgte die Trennung. 2019 fing er als Co-Trainer bei Bayern München unter Niko Kova an, wurde nach dessen Entlassung Cheftrainer und gewann 2020 alle erreichbaren Titel. 2021 trennte man sich und Flick wurde wenige Wochen später Bundestrainer. Im September 2023 wurde er von seiner Funktion als Bundestrainer freigestellt. Anfang 2024 wurde er Cheftrainer des FC Barcelona, mit dem er zum Ende der Saison 2024/25 das Double holte und den Supercup gewann. *(51)*

Funkel, Friedhelm, geb. 10. Dezember 1953

Als Spieler von Bayer 05 Uerdingen trainierte Funkel in der Saison 1989/90 in seiner Freizeit seinen ehemaligen Jugendverein VfR Neuss in der damaligen NRW-Landesliga. Zum Ende der Saison 1990/1991 übernahm er für die zwei restlichen Saisonspiele den Cheftrainerposten beim Bundesligisten Uerdingen. Mit den Krefeldern stieg er 1991, 1993 und 1996 in die

2. Bundesliga ab, nachdem ihm zweimal der sofortige Wiederaufstieg (1992, 1994) gelungen war. Nach dem Abstieg 1996 wechselte er zum Zweitligisten MSV Duisburg. Kurz darauf stieg Funkel mit dem MSV in die 1. Bundesliga auf, wo er dreimal hintereinander den Klassenerhalt (mit einstelligen Tabellenplätzen) erreichte. 1998 zog seine Mannschaft ins Finale des DFB-Pokals ein, welches mit 1:2 gegen Bayern München verloren wurde. Am 19. September 2000 übernahm Funkel den damaligen Bundesligisten Hansa Rostock auf einem Abstiegsplatz, wo es ihm gelang, drei Spieltage vor Saisonende die Klasse zu halten. Nach einigen schwachen Partien wurde Funkel im Dezember 2001 freigestellt. Im Februar 2002 wurde Funkel Trainer beim Erstligisten 1. FC Köln. Trotz einer guten Bilanz (keine Heimniederlage) konnte er die Kölner nicht vor dem Abstieg in die 2. Bundesliga retten. In der Saison 2002/03 gelang der sofortige Wiederaufstieg. In der Saison 2003/04 wurde Funkel nach einem schwachen Saisonstart Im Oktober 2003 entlassen. 2004/05 übernahm Funkel Eintracht Frankfurt nach dem Abstieg in die 2. Bundesliga, wo ihm erneut der Wiederaufstieg in die 1 Bundesliga gelang. 2006 führte Funkel sein Team ins Finale des DFB-Pokals, das gegen Bayern München verloren wurde. In der Schlussphase der Bundesligasaison 2008/09 bat Funkel die Vereinsführung um eine vorzeitige Beendigung des Vertrags. Im Oktober 2009 wurde Funkel Trainer bei Hertha BSC, die zu dem Zeitpunkt auf dem letzten Tabellenplatz stand. Im Mai 2010 gab der als Tabellenletzter abgestiegene Verein bekannt, dass Funkels zum Saisonende auslaufender Vertrag nicht verlängert werde. Zur Saison 2010/11 wurde Funkel Trainer des Bundesligaabsteigers VfL Bochum. Die Mannschaft erreichte unter Funkel den dritten

Tabellenplatz und somit die Relegationsspiele zur 1. Bundesliga, in denen man an Borussia Mönchengladbach scheiterte. Im September übernahm Funkel bei Alemannia Aachen die Funktion des Cheftrainers. Nach fünf Niederlagen in Folge und dem Fall auf einen direkten Abstiegsplatz beurlaubte der Verein Funkel im April 2012. Ab September 2013 war Funkel Trainer des damaligen Zweitligisten TSV 1860 München. Nachdem der Verein und Funkel im März 2014 die Trennung zum Saisonende bekanntgegeben hatten, wurde Funkel Anfang April, auf dem neunten Platz stehend, vorzeitig freigestellt. Im März 2016 fing Funkel bei Fortuna Düsseldorf an, das sich in der 2. Liga in höchster Abstiegsgefahr befand. Er rettete den Verein und stieg 2018 in die 1. Liga auf. Im Januar 2020 gab der Verein die Trennung bekannt. Trotz der Ankündigung des Karriereendes übernahm Funkel den 1. FC Köln im April 2021 und führte den Klub erfolgreich durch die Relegation gegen Holstein Kiel. Im Februar 2024 wurde er als Cheftrainer beim 1. FC Kaiserslautern vorgestellt, mit dem er das DFB-Pokalfinale erreichte, das die Roten Teufel 1:0 gegen Bayer Leverkusen verloren. Anfang Mai 2025 übernahm Funkel erneut den ersten FC Köln, den er am Ende der Saison verließ.*(41, 111, 146)*

Gerland, Hermann, geb. 4. Juni 1954

Der langjährige Bundesligaspieler des VfL Bochum übernahm seinen Heimatverein 1985 als Trainer für drei Jahre. 1988 ging er für zwei Jahre zum 1. FC Nürnberg, bevor er 1990 Coach der Bayernamateure wurde. 1995 kehrte er zum 1. FC Nürnberg zurück. 1996 zog er weiter zu TB Berlin. Arminia Bielefeld (1999–2000) und der SSV Ulm (2000–2001) waren die nächsten Stationen. Zwischen 2001 und 2009 trainierte er wieder die Amateure des FC Bayern München, danach arbeitete er für den deutschen Rekordmeister bis 2021 als Co-Trainer, wobei er zwischen 2018 und 2019 eine kleine Pause einlegte. 2021 wurde er Co-Trainer der deutschen U-21-Nationalelf und assistierte Hansi Flick bei der WM 2022 in Katar. *(174)*

Gisdol, Markus, geb. 17. August 1969

2005 wurde Markus Gisdol für zwei Spielzeiten U-17-Trainer beim VfB Stuttgart. 2007 trainierte er für wenige Monate den Regionalligisten SG Sonnenhof Groß-Aspach, von 2008 bis 2009 zog es ihn zum SSV Ulm. Danach leitete er die Amateure der TSG Hoffenheim und wechselte danach als Co-Trainer unter Ralf Rangnick zu Schalke 04. 2012 endete dort das Engagement und er übernahm im April 2014 für mehr als zwei Jahre die TSG Hoffenheim. Von 2016 bis 2018 arbeitete er beim Hamburger SV als Cheftrainer, im November übernahm er den 1. FC Köln in größter Not und rettete den Verein vor dem Abstieg in die 2. Liga. Nach dem Ende dort ging er im Oktober 2021 zu Lok Moskau, wo er nach dem Ausbruch des Ukrainekriegs aufhörte. Ab Oktober 2023 trainierte er den türkischen Erstligisten Samsunspor. Seit Sommer 2025 trainiert Gsidol den türkischen Erstligisten Kayserispor. *(30, 82, 120, 128, 129, 141, 165)*

Glasner, Oliver, geb. 28. August 1974

Ab 2012 arbeitete Glasner für Red Bull Salzburg zunächst als Sportkoordinator und Co-Trainer unter Roger Schmidt. Zur Saison 2014/15 übernahm er den SV Ried. 2015 erfolgte der Wechsel zum Linzer ASK, mit dem er 2017 den Aufstieg in die Bundesliga schaffte. 2019 wechselte Glasner zum VfL Wolfsburg. Dort schaffte er 2021 den Einzug in die Champions

League. 2021 wechselte er zu Eintracht Frankfurt, wo er seine Zeit mit dem Gewinn der Europa League krönte. 2023 führte er Frankfurt ins DFB-Pokalfinale, wo man gegen RB Leipzig unterlag. Danach hörte Glasner in Frankfurt auf. Seit Februar 2024 ist Glasner Chefcoach beim englischen Erstligisten Crystal Palace. *(33, 82, 92, 94, 98, 115)*

Grings, Inka, geb. 31. Oktober 1978

2014 übernahm Inka Grings die Frauenmannschaft des MSV Duisburg in der Bundesliga. Nach einem Abstieg führte sie das Team zurück in das Oberhaus. 2017 trainierte sie für eine Saison die männliche U-17-Mannschaft von Viktoria Köln. 2019 stieg sie beim Männer-Regionalligisten SV Straelen ein, stieg ab und wieder auf. 2021 erfolgte der Wechsel zur Frauenmannschaft vom FC Zürich, wo sie das Double gewann. 2023 trainierte sie die Schweizer Nationalmannschaft der Frauen. Das Engagement endete im Dezember 2023. *(37, 172)*

Hecking, Dieter, geb. 12. September 1964

Zur Saison 2000/01 wurde Hecking Cheftrainer des Regionalligisten SC Verl Trotz sportlicher Erfolge wurde er dort 2001 von seinen Aufgaben freigestellt und übernahm anschließend beim Regionalligisten VfB Lübeck. Zum Ende der Saison 2000/01 verpasste Lübeck knapp den Aufstieg in die 2. Bundesliga, ein Jahr später gelang dieser. In der Saison 2002/03 hielt Hecking mit der Mannschaft die Klasse. Die Zweitligasaison 2003/04 verlief schwieriger; der Verein zog im DFB-Pokal zwar ins Halbfinale ein und scheiterte dort knapp am späteren Pokalsieger und Meister Werder Bremen; in der Liga kämpfte Lübeck jedoch gegen den Abstieg. Das Team stieg am letzten Spieltag ab und

Hecking erklärte seinen Rücktritt. Zur Saison 2004/05 übernahm Hecking den Zweitligisten Alemannia Aachen. Der Verein startete auch im UEFA-Pokal, Aachen lieferte einige sehr gute Spiele und besiegte unter anderem den OSC Lille (Frankreich) und AEK Athen. In der Zweiten Liga verpasste die Alemannia den Aufstieg in die 1. Bundesliga. Dieser gelang mit Hecking in der Saison 2005/06. Nach dem dritten Spieltag der Saison 2006/07 löste Hecking seinen Vertrag mit Aachen auf, um ein Angebot des Bundesligisten Hannover 96 anzunehmen. Dort trat er im August 2009 von seinem Amt zurück. Im Dezember 2009 fing er beim 1. FC Nürnberg in der Bundesliga an. Er wechselte zum Jahreswechsel 2012/13 zum VfL Wolfsburg, wo er 2015 den DFB-Pokal gewann. In der Saison 2016/17 wurde er nach einigen Niederlagen entlassen. Von 2017 bis 2019 war er bei Borussia Mönchengladbach unter Vertrag. Zur Saison 2019/20 übernahm er die Zweitligamannschaft des Hamburger SV, den er nach nur einer Saison wieder verließ. Er fing 2020 als Sportvorstand beim 1. FC Nürnberg an. In der Saison 2022/23 ersetzte er kurzfristig den Trainer Robert Klauß und sicherte den Klassenerhalt. Anfang November 2024 wurde er Trainer des VFL Bochum in der ersten Bundesliga, mit denen er am Ende der Saison abstieg. *(39, 99, 144, 164)*

Hitzfeld, Ottmar, geb. 12. Januar 1949

Der gebürtige Lörracher startete seine Trainerkarriere 1983 beim SC Zug und feierte direkt den Aufstieg in die höchste Schweizer Liga. Danach wechselte er zum FC Aarau, wo er Vizemeister und Cupsieger wurde, und 1988 zu den Grasshoppers Zürich, mit denen er bis 1991 fünf nationale Titel holte. 1991 verpflichtete ihn Borussia Dortmund. Dort blieb er sechs Jahre und gewann zweimal die Deutsche Meisterschaft und die Champions League 1997. Gleiches gelang ihm mit dem FC Bayern München, wo er zwischen 1998 und 2004 arbeitete: Champions-League-Sieg und Weltpokal 2001, vier deutsche Meisterschaften und zwei Pokalsiege, so die Ausbeute. Zwischen 2004 und 2007 pausierte Hitzfeld. Im Februar 2007 fing er wieder bei den Bayern an, die er 2008 mit dem Doublesieg im Gepäck verließ. Von 2008 bis 2014 betreute er die Schweizer Nationalmannschaft und nahm mit dem Team an zwei Weltmeisterschaften teil. *(23, 92, 93, 110, 111, 113, 134, 139, 142, 143, 164, 175, 176)*

Hrubesch, Horst, geb. 17. April 1951

Nach dem Ende seiner Spielerkarriere trainierte Hrubesch 1986/87 den Zweitligisten RW Essen. Es folgten bis 1997 kürzere Stationen beim VfL Wolfsburg, dem FC Tirol, bei Hansa Rostock, Dynamo Dresden, Austria Wien und Samsunspor. 1999 schloss er sich dem DFB an und übernahm dort die A-2-Nationalmannschaft. 2000 wurde er für wenige Monate Co-Trainer von Nationaltrainer Erich Ribbeck. Zwischen 2000 und 2016 trainierte er diverse Nachwuchsmannschaften beim DFB. Er wurde mit der U-19- (2008) und der U-21-Auswahl (2009) jeweils Europameister und errang mit der deutschen Olympiaauswahl 2016 die Silbermedaille in Brasilien. 2017 übernahm er interimsweise den Posten des DFB-Sportdirektors, 2018 betreute er für eine kurze Zeit die Frauennationalmannschaft, genauso wie 2023 und 2024, nach dem Aus von Martina Voss-Tecklenburg. Zur Saison 2020/21 war Hrubesch nach 37 Jahren zum Hamburger SV zurückgekehrt und wurde unter dem Sportvorstand Jonas Boldt Nachwuchsdirektor im Nachwuchsleistungszentrum. Im Mai 2021 hatte Hrubesch nach der Freistellung von Daniel Thioune zusätzlich die Zweitligamannschaft bis zum Ende der Saison 2020/21 übernommen. *(32, 40, 52, 176)*

Hütter, Adi, geboren 11. Februar 1970

Von 2007 bis 2009 arbeitete der Österreicher als Trainer in Salzburg für die Red-Bull-Jugend. 2009 übernahm er den Cheftrainerposten beim SCR Altach. 2012 wurde er beim damaligen Zweitligisten freigestellt, weil erneut nicht der Wiederaufstieg in die Bundesliga gelungen war. Die nächste Station hieß SV Grödig, wo er direkt den Aufstieg in die Bundesliga schaffte und sich in der ersten Spielzeit für die Europa League qualifizierte. In der Saison 2014/15 trainierte er RB Salzburg und verließ den Klub einvernehmlich nach der Saison. Im September 2015 wurde Hütter als neuer Trainer von Young Boys Bern vorgestellt. Nachdem er mit Young Boys zweimal Vizemeister geworden war, führte er die Berner in der Saison 2017/18 zur ersten Meisterschaft seit 32 Jahren. Zur Spielzeit 2018/19 fing Hütter bei Eintracht Frankfurt an. Nach drei erfolgreichen Jahren wechselte er 2021 zu Borussia Mönchengladbach, wo er allerdings nur eine Saison blieb. Mitte 2023 unterschrieb er einen Vertrag bei AS Monaco für zwei Jahre, der im Januar 2024 um zwei Jahre bis zum 30. Juli 2026 verlängert wurde. *(101)*

Hyballa, Peter, geb. 5. Januar 1975

Hyballa galt viele Jahre als einer der besten Nachwuchstrainer in Deutschland. Er trainierte die Jugend von Arminia Bielefeld, VfL Wolfsburg, Borussia Dortmund und Bayer Leverkusen. Ab 2016 arbeitete er ausschließlich in internationalen Ligen. Er trainierte den NEC Nijmegen in Holland, Dunajská Streda in der Slowakei, NAC Breda in Holland, den polnischen Klub Wisla Krakau, Esbjerg in Dänemark, Tren in in der Slowakei und nochmals Breda im Jahr 2023. Im Juli 2024 übernahm er den südafrikanischen Erstligisten Sekhukhune, den er aber nach zwei Monaten wieder verließ. *(18, 156)*

Klinsmann, Jürgen, geb. 30. Juli 1964

Zwischen 2004 und 2006 arbeitete Jürgen Klinsmann als deutscher Bundestrainer. Nach der Heim-WM 2006 beendete er seine Tätigkeit. Zwischen 2008 und April 2009 betreute er den FC Bayern München, wurde kurz vor Saisonende dort durch Jupp Heynckes ersetzt. Zwischen 2011 und 2016 war er US-Nationaltrainer. Von November 2019 bis Februar 2020 trainierte er den Bundesligisten Hertha BSC. Im März 2023 trat er sein Amt als Nationaltrainer Südkoreas an. Nach der Niederlage gegen Jordanien beim Asien-Cup im Februar 2024 wurde er entlassen. *(57, 61)*

Klopp, Jürgen, geb. 16. Juni 1967

Am 28. Februar 2001 wurde beim FSV Mainz 05 aus dem Spieler Klopp der Trainer Klopp. Ursprünglich als Interimslösung für den geschassten Eckhard Krautzun vorgesehen, blieb er bis 2008 Trainer in Mainz, wo er 2004 den Aufstieg in die Bundesliga schaffte. 2007 stieg Mainz ab. Nach dem verpassten Wiederaufstieg 2008 verließ er Mainz 05. 2008 heuerte er bei Borussia Dortmund an und führte den Verein ganz nach oben: zwei Meisterschaften 2011 und 2012, dazu der Pokalsieg 2012. Das Champions-League-Finale 2013 verlor er gegen den FC Bayern. Nach einem schweren Jahr hörte er 2015 auf und wechselte im gleichen Jahr zum FC Liverpool. Dort gewann er 2019 die Champions League, 2020 die Meisterschaft, 2018 und 2022 stand er mit seinem Team im Finale der Champions League. Er wurde 2022 englischer Pokalsieger und auch Ligapokalsieger. 2024 gewann er ein weiteres Mal den Ligapokal. Im Januar 2024 gab er seinen Abschied von Liverpool zum Saisonende bekannt. Klopp bekleidet seit Januar 2025 die Position des Global Head of Soccer beim Unternehmen Red Bull. *(21, 24, 42, 58, 72, 73, 74, 85, 87, 102, 104, 153, 160, 164, 165, 177, 180)*

Kohfeldt, Florian, geb. 5. Oktober 1982

Von 2007 bis 2014 trainierte Kohfeldt die Jugendteams des SV Werder Bremen. 2014 wurde er Co-Trainer unter Viktor Skripnik, bevor er im Oktober 2016 zum Trainer der U-23-Mannschaft von Werder Bremen in der 3. Liga berufen wurde und zwischen Oktober 2017 bis Mai 2021 als Cheftrainer fungierte. Vor dem letzten Spieltag der Saison 2020/21 wurde er durch Thomas Schaaf ersetzt. Im Oktober 2021 übernahm er den VfL Wolfsburg. Im Juni 2022 einigte man sich auf eine Trennung. Von Juni 2023 bis März 2024 trainierte er den belgischen Erstligisten KAS Eupen. Seit Anfang September 2024 ist er Cheftrainer des SV Darmstadt 98. *(49, 114)*

Kohler, Jürgen, geb. 6. Oktober 1965

2000 absolvierte Kohler die verkürzte Ausbildung zum Fußballlehrer. Von 2002 bis März 2003 war er Coach der deutschen U-21-Auswahl. Im Anschluss daran war er von 2003 bis 2004 Sportdirektor von Bayer Leverkusen. Von Dezember 2005 an trainierte er den MSV Duisburg, der damals in der Bundesliga spielte und am Ende der Saison absteigen musste. 2008 trainierte er kurz den VfR Aalen, wurde danach dort für ein Jahr Sportdirektor. Es folgten kurze Stationen beim Bonner SC (U-19-Mannschaft), bei Waldhof Mannheim (Sportlicher Leiter), bei der SpVgg Wirges (Trainer), beim SC Hauenstein (Trainer), beim VfR Alfter (Trainer) und bei Viktoria Köln (U-19-Mannschaft). Dort schaffte er 2019 als Interimstrainer der Profis den Aufstieg in die Dritte Liga. Ende Juni 2024 wurde er zum Trainer der U17 Mannschaft des Bonner SC berufen. *(32, 33, 35, 175, 181)*

Kramer, Frank, geb. 3. Mai 1972
Seine Anfänge als Trainer hatte Kramer als Spielertrainer bei den Amateuren von Greuther Fürth II in der Saison 2004/05. 2005 wurde er für vier Jahre Trainer der U-19-Mannschaft in Fürth. 2009 kam der Schritt zum Trainer der Amateurmannschaft. 2011 lotste ihn Hoffenheim ins Badische als Trainer der U-23-Mannschaft. Im Dezember 2012 wurde er für eine kurze Zeit Interimstrainer der Hoffenheimer in der Bundesliga. Greuther Fürth verpflichtete seinen Ex-Spieler im März 2013 als Chefcoach. Dort arbeitete Kramer bis Februar 2015. Von Juli 2015 bis November 2015 schlug er seine Zelte in Düsseldorf auf. Der Ruf des DFB ereilte ihn 2016. In der Folge trainierte er dort die U-19-, U-20- und U-18-Auswahl. Zur Saison 2019/20 übernahm Kramer die Leitung des NLZ von Red Bull Salzburg. Ebenso trainierte er das U-19-Team von Salzburg in der UEFA-Youth-League-Saison 2019/20. Im März 2021 versuchte er sein Glück beim Bundesligisten Arminia Bielefeld und schaffte es, mit dem abstiegsbedrohten Team die Klasse zu halten. Im April 2022 wurde er in Bielefeld entlassen. Im Juli 2022 übernahm er den gerade abgestiegenen Traditionsklub Schalke 04 und musste dort nach nur zehn Spielen wieder seinen Hut nehmen. Im Januar 2024 kehrte Kramer nach Hoffenheim zurück und übernahm dort als Nachwuchsdirektor die Verantwortung für die TSG-Akademie. Ende Juli 2024 übernahm er interimsweise die sportliche Leitung der Profimannschaft und hatte

diese Rolle bis Anfang Oktober 2024 inne. Seitdem hat er die Rolle des Sportdirektors inne. *(159, 162)*

Leitl, Stefan, geb. 29. August 1977

Von 2013 bis 2017 arbeitete Leitl im Nachwuchsbereich des FC Ingolstadt, wo er seine Spielerkarriere beendet hatte. Von August 2017 bis September 2018 trainierte er die Zweitligamannschaft in Ingolstadt. Danach übernahm er im Februar 2019 die SpVgg Greuther Fürth, die er 2021 in die Bundesliga führte. Er verließ den Klub nach dem Abstieg in Richtung Hannover 96, das er zur Winterpause der Saison 2024/25 verließ. Bereits Mitte Februar 2025 kehrte Leitl in die 2. Bundesliga zurück und übernahm Hertha BSC als Nachfolger von Cristian Fiél. *(19, 144)*

Lerch, Stephan, geb. 10. August 1984

2013 übernahm Lerch das Traineramt bei der Zweitvertretung der Frauen vom VfL Wolfsburg. Diese betreute er zwei Jahre lang in der 2. Bundesliga Nord, ehe er als Assistent von Ralf Kellermann zur Bundesligamannschaft des VfL aufrückte. Diesen Posten hatte er wiederum zwei Jahre lang inne. 2017 wurde Stephan Lerch Cheftrainer beim amtierenden Deutschen Meister und Pokalsieger. In den folgenden drei Saisons konnte er jeweils den Meistertitel und den DFB-Pokal verteidigen. 2018 zog Lerch außerdem mit Wolfsburg ins Finale der Champions League ein, das jedoch mit 1:4 nach Verlängerung gegen Olympique Lyon verloren wurde. Im Sommer 2021 wechselte Lerch als Trainer der männlichen U-17-Junioren zur TSG Hoffenheim. Im März 2023 machte man ihn in Hoffenheim zum Cheftrainer der Frauenmannschaft. Ab Sommer 2024 fungierte Lerch nur noch als Sportlicher Leiter der Frauen-Bundesligamannschaft. Zur Saison 2025/26 übernimmt Lerch erneut das Amt des Cheftrainers der Frauenmannschaft des VFL Wolfsburg. *(126)*

Letsch, Thomas, geb. 26. August 1968

Mit der SG Sonnenhof Groß-Aspach stieg Letsch 2009 von der Oberliga in die Regionalliga auf, doch danach unterbrach der Lehrer seine Trainerlaufbahn, um in Lissabon an der deutschen Schule zu unterrichten. 2012 lotste ihn Ralf Rangnick in die Akademie des RB Salzburg. Dort trainierte er zwei Jahre die U-18-Mannschaft, übernahm auch den FC Liefering in der Österreichischen 2. Liga, bevor er 2017 zu Erzgebirge Aue in die 2. Bundesliga wechselte. Dort wurde er nach drei Niederlagen zum Auftakt entlassen. Sein Glück fand Letsch dann im Ausland, zunächst bei Austria Wien, dann von 2020 bis 2022 beim holländischen Klub Vitesse Arnheim. Im September 2022 trat er sein Amt beim VfL Bochum an. Im April 2024 trennte sich der Verein von seinem Trainer. Anfang Januar 2025 kehrte er als Nachfolger für den entlassenen Pejin Ljinders zum österreichischen Bundesligisten Red Bull Salzburg zurück, bei dem er einen bis 2027 laufenden Vertrag erhielt. *(23, 80)*

Lienen, Ewald, geb. 28. November 1953

1989 übernahm Lienen mit 36 Jahren seine erste Mannschaft als Trainer, die Amateure des MSV Duisburg. Im März 1993 wurde er beim MSV Cheftrainer und machte den Job bis November 1994. Unter Jupp Heynckes arbeitete er von 1995 bis 1997 als Co-Trainer beim CD Teneriffa. Es folgten zwei Jahre bei Hansa Rostock. Den 1. FC Köln trainierte er von 1999 bis zum Januar 2002, in Köln gelang ihm 2000 auch der Aufstieg in die Bundesliga. Von 2002 bis 2003 hatte er den Trainerposten bei CD Teneriffa inne. Es folgten

Stationen bei Borussia Mönchengladbach (2003), Hannover 96 (2004–2005) und Panionios Athen (2006–2008). Es folgten eine Saison beim Zweitligisten 1860 München, ein Intermezzo 2010 bei Olympiakos Piräus und ein halbes Jahr bei Arminia Bielefeld (2010–2011). Im Oktober 2012 ging es für ein halbes Jahr zurück nach Griechenland, zu AEK Athen. Von November 2013 bis Juni 2014 trainierte er in Rumänien das Team von Otelul Galati. Den FC St. Pauli übernahm er im Dezember 2014. Drei Jahre hatte er diese Funktion inne, bevor er 2017 Technischer Direktor und später Repräsentant des Vereins wurde. *(22, 53, 97, 116, 127, 128)*

Magath, Felix, geb. 26. Juli 1953

Nach seiner Profikarriere arbeitete Magath als Manager ab 1986 zunächst beim Hamburger SV, von November 1989 bis 1990 beim 1.FC Saarbrücken und von 1990 bis 1992 bei Bayer Uerdingen. Seine Trainerkarriere startete Magath 1992 in der viertklassigen Verbandsliga beim FC Bremerhaven. Von 1993 bis 1995 war er Amateurtrainer beim HSV und Co-Trainer bei den Profis von Benno Möhlmann. 1995 ernannte man Magath zum Cheftrainer bis zu seiner Beurlaubung im Mai 1997. Im September 1997 fing er beim Zweitligisten 1.FC Nürnberg an, den er auf einen Aufstiegsplatz führte. Da er sich aber mit dem Präsidium auf keine Vertragsverlängerung einigen konnte, verließ er Nürnberg und fing in Bremen an, wo er nur ein Jahr blieb. Weihnachten 1999 wurde Magath Nachfolger von Jörg Berger bei Eintracht Frankfurt, das er vor dem Abstieg bewahrte, 2001 erfolgte die Trennung. Nur einen Monat später fing er beim VfB Stuttgart an, wo er bis 2004 Teammanager, Trainer und Manager war. Zunächst verhinderte er den Abstieg, 2003 wurde der VfB Vizemeister. 2004 wurde Magath Nachfolger von Ottmar Hitzfeld bei Bayern München und holte zweimal das Double. Im Januar 2007 kam es zur Trennung. Beim VfL Wolfsburg wurde Magath 2007 Geschäftsführer. Als solcher war er Trainer und Manager in Personalunion. Mit Wolfsburg wurde er 2009 Deutscher Meister. Wenige Wochen später fing Magath bei Schalke 04 an. Dort erhielt er einen Vertrag als Trainer und Manager in Personalunion bis zum 30. Juni 2013, verbunden mit einer Vorstandsmitgliedschaft. Im März 2011 wurde er von seinen Aufgaben entbunden. Wenige Tage später kehrte er als Geschäftsführer zum VfL Wolfsburg zurück, das sich in höchster Abstiegsgefahr befand. Magath sicherte sich mit seinem Team am letzten Spieltag die Bundesligazugehörigkeit. Nach der Trennung im Oktober 2012 wechselte Magath zum FC Fulham (Februar bis September 2014). 2016 ging er für anderthalb Jahre nach China (Shandong) und hatte 2022 noch mal ein Engagement bei Hertha BSC, wo er über den Weg der Relegation gegen den HSV mit dem Team in der Bundesliga blieb. Seitdem ist Magath ohne Engagement. *(28, 53, 55, 65, 66, 96, 145, 177, 178, 179)*

Menotti, César Luis, geb. 5. November 1938, gest. 5. Mai 2024

Der Argentinier machte sich einen Namen als Weltmeistertrainer 1978, als er Argentinien zum Titel führte. Er trainierte danach große Klubs wie Barcelona, Atlético Madrid, Boca Juniors, Independiente oder Sampdoria Genua, blieb aber nie länger als ein, zwei Spielzeiten. *(62)*

Meyer, Hans, geb. 3. November 1942

1971 übernahm Hans Meyer als jüngster Trainer der DDR-Oberliga den FC Carl Zeiss Jena, wo er zwölf Jahre blieb. In dieser Zeit holte er dreimal den Pokal und erreichte 1981 das Finale im Europapokal der Pokalsieger. Anschließend trainierte er RW Erfurt (1984–1987), den Chemnitzer FC (1988–1993) und erneut Jena (1993–1994). Für wenige Monate trainierte er 1995 Union Berlin, ging dann nach Holland zu Twente Enschede, wo er drei Jahre blieb. Im September 1999 wurde er Trainer des damaligen Zweitligisten Borussia Mönchengladbach und führte den Traditionsverein 2011 zurück in die Bundesliga. 2003 schied er dort auf eigenem Wunsch aus und übernahm 2005 den 1. FC Nürnberg, damals Tabellenletzter in der Bundesliga. Er rettete den Verein und gewann 2007 mit den Franken den DFB-Pokal. Im Februar 2008 wurde er wegen anhaltender Erfolglosigkeit entlassen. Von 2008 bis 2009 übernahm er nochmals Borussia Mönchengladbach, wurde dort später auch Präsidiumsmitglied. Im März 2024 schied Meyer aus dem Präsidium aus. *(30, 129)*

Möhlmann, Benno, geb. 1. August 1954

Beim Hamburger SV fing Möhlmann im Nachwuchs als Trainer an. Im September 1992 beerbte er Egon Coordes als Profitrainer. 1995 wurde er in Hamburg durch Felix Magath ersetzt und fing im selben Jahr bei Eintracht Braunschweig in der 3. Liga an, wo er zwei Jahre blieb. Es folgten drei Trainerzeiten bei Greuther Fürth (1997–2000, 2004–2007, 2008–2009), unterbrochen von vier Jahren bei Arminia Bielefeld (2000–2004) und einer Saison bei Eintracht Braunschweig (2007–2008). 2010/11 rettete er den FC Ingolstadt vor dem Abstieg in die 3. Liga. Beim FSV Frankfurt trainierte er von Dezember 2011 bis Mai 2015 dreieinhalb Jahre in der 2. Liga, bevor er dort freigestellt wurde. Im Oktober 2015 ließ er sich auf ein Engagement bei 1860 München ein, das Intermezzo dauerte bis April 2016.

Fünf Monate später saß er auf der Trainerbank des SC Preußen Münster, aber nur für 14 Monate. Von 2018 bis 2020 arbeitete er für die Scouting-Abteilung von Greuther Fürth. Seit Oktober 2022 ist Möhlmann Präsident des Bundes Deutscher Fußball-Lehrer. *(90)*

Nagelsmann, Julian, geb. 23. Juli 1987

Nagelsmann beendete seine Karriere als Fußballspieler verletzungsbedingt frühzeitig und wurde mit 21 Jahren Trainer in der Jugendabteilung des FC Augsburg. Nach zwei Jahren als Co-Trainer der U-17-Mannschaft von 1860 München wechselte er 2010 nach Hoffenheim. Zunächst Co-Trainer der U-17-Mannschaft, stieg er dort zum U-19-Trainer auf. Von Februar 2016 bis zum Saisonende 2018/19 war er Cheftrainer der Hoffenheimer Bundesligamannschaft, mit damals 28 Jahren der bisher jüngste hauptamtliche Trainer der Bundesliga. Von 2019 bis 2021 war er Cheftrainer von RB Leipzig und von 2021 bis 2023 des FC Bayern München, mit dem er 2022 Deutscher Meister wurde. Seit September 2023 ist er Bundestrainer der deutschen Nationalmannschaft. *(169, 170)*

Neid, Silvia, geb. 2. Mai 1964

Von 1996 bis 2005 trainierte sie für den DFB unter anderem die U-16-, U-19- und U-18-Auswahl. Dazu war sie Co-Trainerin von Bundestrainerin Tina Theune-Meyer. Von 2005 bis 2016 war sie Bundestrainerin. Sie gewann als Co-Trainerin die WM 2003, wurde als Cheftrainerin 2007 Weltmeisterin, holte Olympiagold 2016 und gewann die EM 2009 und 2013. *(80, 117, 126, 147)*

Neururer, Peter, geb. 26. April 1955

1986 wurde Neururer Co-Trainer beim Zweitligisten RW Essen unter Horst Hrubesch. Im September 1987 ernannte man ihn für zwei Monate zum Cheftrainer. Es folgten die Stationen Alemannia Aachen (1988–1989), Schalke 04 (1989–1990), Hertha BSC (März bis Mai 1991), 1. FC Saarbrücken (1991–1993), Hannover 96 (1994–1995), 1. FC Köln (1996–1997), Fortuna Düsseldorf (April bis Juni 1999), Kickers Offenbach (1999–2000) und LR Ahlen (2000–2001). Seine erfolgreichste Zeit hatte er dann von 2001 bis 2005 beim VfL Bochum. Mit den Westdeutschen stieg er in die Bundesliga auf und führte den Klub in den UEFA-Cup. 2005 kehrte er für ein halbes Jahr nach Hannover zurück. Im November 2008 heuerte er für ein Jahr beim Zweitligisten MSV Duisburg an. 2013 kehrte er nach Bochum zurück und blieb anderthalb Jahre bis zum Dezember 2014. *(109, 128, 129)*

Rangnick, Ralf, geb. 29. Juni 1958

Rangnick stieg 1998 mit dem SSV Ulm in die 2. Bundesliga auf und stand dort sensationell wochenlang auf den Aufstiegsrängen zur Bundesliga. Er trainierte danach zwischen 1999 und 2001 den VfB Stuttgart ohne größere Erfolge, wechselte 2001 zu Hannover 96 und führte das Team in die Bundesliga. Nach dem Ende bei den Niedersachsen 2004 wurde er im September desselben Jahres für drei Monate Trainer von Schalke 04. Im Sommer 2006 übernahm er die TSG Hoffenheim in der drittklassigen Regionalliga, die er innerhalb von zwei Jahren in die Bundesliga führte. Anfang Januar trat Rangnick zurück und kehrte nochmals nach Schalke zurück, doch wegen eines Burnouts löste der Fußballtrainer seinen Vertrag im September 2011 auf. 2012 wurde Rangnick Sportlicher Direktor von Red Bull Salzburg und war auch für die Entwicklung von RB Leipzig zuständig. 2015 übernahm er den Trainerjob in Leipzig in der 2. Liga und legte seine Arbeit in Salzburg nieder. Nach dem Aufstieg in die Bundesliga mit Leipzig machte Rangnick 2016 Platz für Ralph Hasenhüttl und arbeitete bis 2019 weiter als Sportdirektor in Leipzig. Danach kümmerte er sich ein Jahr lang für die Red Bull GmbH um die internationale Ausrichtung. Im Dezember 2021 übernahm er das Training bei Manchester United, bevor er im Sommer 2022 Trainer der österreichischen Nationalmannschaft wurde. *(16, 22, 81, 86, 169, 173)*

Reis, Thomas, geb. 4. Oktober 1973

Insgesamt 18 Jahre arbeitete Thomas Reis für den VfL Bochum, unter anderem acht Jahre als Spieler, später dann drei Jahre als Cheftrainer. In dieser Funktion stieg er mit Bochum auch 2021 in die Bundesliga auf. Nach seinem Ende beim VfL als Trainer, übernahm er 2022 den FC Schalke 04, konnte den Abstieg des Traditionsklubs nicht verhindern und wurde in der 2. Liga in der Hinrunde 2023/24 nach sieben Spieltagen freigestellt. Zur Saison 2024/25 wurde er als Nachfolger von Markus Gisdol Cheftrainer beim türkischen Erstligisten Samsunspor. *(18, 51, 89, 156)*

Rohr, Gernot, geb. am 28. Juni 1953

Nach seiner Spielerkarriere wurde Rohr bei Girondins Bordeaux Sportdirektor und Nachwuchschef. Er musste dort immer wieder als Interimstrainer einspringen. So ersetzte er 1990 Raymond Goethals und übernahm 1991 auch offiziell Bordeaux, das gerade in die 2. Liga abgestiegen war. Er schaffte den Aufstieg 1992 und machte dann Roland Courbis Platz. 1996 übernahm er wieder das Traineramt in Bordeaux und führte das Team ins UEFA-Cup-Finale, wo man gegen Bayern München verlor. Von Oktober 1998 bis April 1999 war der Deutschfranzose Sportdirektor bei Eintracht Frankfurt. Im Sommer 1999 trainierte er Créteil in der 2. Französischen Liga, ging aber nach einem Jahr zurück nach Bordeaux, um dort die Jugend zu trainieren. 2002 folgte der Wechsel zu OGC Nizza, wo er bis zu seiner Entlassung 2005 arbeitete. Nach einem kurzen Intermezzo als Sportdirektor vom FC Salzburg war er zwischen 2005 und 2007 Trainer bei Young Boys Bern. 2007/08 übernahm er AC Ajaccio, um 2008 nach Tunesien zu gehen, wo er Étoile de Sousse trainierte. Beim Zweitligisten FC Nantes blieb er danach nur ein halbes Jahr. 2010 startete er seine Karriere als Coach afrikanischer Nationalteams. Er begann im Gabun, zog 2012 weiter in den Niger. 2015 wurde er als Coach von Burkina Faso vorgestellt. 2016 wurde er neuer Trainer Nigerias. Seit 2023 ist er Chefcoach des Benin. *(112, 120)*

Rose, Marco, geb. 11. September 1976

Rose startete 2010 seine Trainerkarriere als Co-Trainer der Amateure von Mainz 05. 2012 ging er für eine Saison als Cheftrainer zu Lok Leipzig und wechselte 2013 zu RB Salzburg in die Jugendakademie. Für zwei Jahre trainierte Rose die U-16-, dann zwei Jahre die U-19-Mannschaft, mit der er auch 2017 die UEFA Youth League gewann. Im gleichen Jahr übernahm er die erste Mannschaft in Salzburg, mit der zweimal die Meisterschaft und einmal den Pokal gewann. 2019 erfolgte der Wechsel zu Borussia Mönchengladbach, 2021 zog er weiter nach Dortmund, wo man sich nach nur einer Saison als Vizemeister trennte. Im September 2022 wurde Rose in seiner Geburtsstadt Trainer von RB Leipzig. Im März 2025 wurde Rose von seinen Aufgaben als Cheftrainer bei RB entbunden. *(85, 108, 121)*

Runjaić, Kosta, geb. 4. Juni 1971

2004 wurde Runjaić Trainer der Amateure vom 1. FC Kaiserslautern. 2006 ging er als Jugendtrainer zum SV Wehen Wiesbaden. 2007 übernahm er dort die zweite Mannschaft und stieg in die Regionalliga auf. 2008 wurde er Co-Trainer beim Drittligisten VfR Aalen unter Jürgen Kohler. Im März 2010 verpflichtete ihn der abstiegsgefährdete Regionalligist Darmstadt 98. Er hielt die Klasse und stieg 2011 in die 3. Liga auf. 2012/13 coachte er den Zweitligisten MSV Duisburg. Zwischen 2013 und 2015 war er Trainer der Zweitligaelf in Kaiserslautern. Nach einer kurzen Episode bei 1860 München wechselte er nach Polen. Von 2017 bis 2022 trainierte er recht erfolgreich Pogon Stettin. Seit 2022 ist er Trainer von Legia Warschau. Am 9. April 2024 trennte sich Legia von ihm. Zur Saison 2024/25 wurde er Nachfolger von Fabio Cannavaro bei Udinese Calcio. *(175, 177)*

Schaaf, Thomas, geb. 30. April 1961

Der langjährige Spieler von Werder Bremen startete 1988 als Jugendtrainer in seinem Heimatverein. 1995 übernahm er die Amateurmannschaft von Werder, im Mai 1999 ernannte man ihn zum Profitrainer. Diesen Posten hatte er bis 2013 inne. In dieser Zeit wurde er einmal Deutscher Meister, dreimal Pokalsieger, UEFA-Pokalfinalist und -halbfinalist. 2013 verließ er Bremen und wurde 2014 für eine Saison Trainer von Eintracht Frankfurt. 2016 war er für einige Monate Trainer von Hannover 96, wo er den Abwärtsstrudel Richtung 2. Liga nicht stoppen konnte und frühzeitig den Klub verließ. Von 2018 bis 2021 arbeitete er bei Werder Bremen als Technischer Direktor. Seit dem 6. Dezember 2023 berät Schaaf den VfB Oldenburg bei der strategischen Weiterentwicklung. *(39, 84, 108, 123)*

Schmidt, Frank, geb. 3. Januar 1974

Seit 2007 ist der Ex-Profi von Alemannia Aachen Trainer in Heidenheim und führte den Klub in dieser Zeit aus der Oberliga in die Bundesliga. *(160, 161, 184)*

Schulte, Helmut, geb. 14. September 1957

Schulte startete 1984 als Jugendtrainer beim FC St. Pauli. 1986 wurde er Co-Trainer bei den Profis und übernahm im November 1987 den Cheftrainerposten. 1988 gelang ihm mit St. Pauli der Aufstieg in die Bundesliga. Nach der Entlassung 1991 ging er zu Bundesliganeuling Dresden und schaffte den Klassenerhalt. Trotzdem hörte er danach in Dresden auf und wechselte zu Schalke 04, wo er aber nur ein knappes halbes Jahr blieb. Schulte wurde 1995/96 Manager beim VfB Lübeck. Zwischen 1996 und 1998 fungierte er als Manager beim FC St. Pauli. Von 1998 bis Ende Februar 2008 war er sportlicher Leiter im Nachwuchsbereich des FC Schalke 04. Im März 2008 kam er zum dritten Mal zum FC St. Pauli und übernahm die Funktion des „Geschäftsführers Sport". Sein bis Februar 2013 laufender Vertrag wurde im Mai 2012 im gegenseitigen Einvernehmen aufgelöst. Von 2013 bis 2014 war er Sportvorstand bei Rapid Wien. In dieser Funktion arbeitete er auch in der Saison 2014/15 bei Fortuna Düsseldorf. Nach seinem Wechsel in die Hauptstadt war er von 2016 bis 2018 Leiter der Lizenzspielerabteilung von Union Berlin. Seit 2018 arbeitet Schulte in verschiedenen Funktionen für den VfB Stuttgart. *(88, 90)*

Schuster, Dirk, geb. 29. Dezember 1967

Von 2009 bis November 2012 trainierte der Ex-Profi die Stuttgarter Kickers in der Oberliga. Er stieg mit den Kickers zur Saison 2012/13 in die 3. Liga auf, wurde aber nach sechs sieglosen Spielen in Folge im

November 2012 entlassen. Im Dezember 2012 wurde er Trainer des damaligen Drittligisten Darmstadt 98. 2014 gelang der Aufstieg in der Relegation gegen Arminia Bielefeld, ein Jahr später der Durchmarsch in die Bundesliga, wo er die Saison als 14. beendete und danach zum FC Augsburg wechselte. Im Dezember 2016 wurde er dort aber freigestellt. Es erfolgte die Rückkehr nach Darmstadt im Dezember 2017, um das Team vor dem Abstieg in die 3. Liga zu bewahren. Das gelang, doch im Februar darauf wurde Schuster beurlaubt. Zwischen 2019 und 2021 trainierte er Erzgebirge Aue in der 2. Liga. Im Mai 2022 fing er beim 1. FC Kaiserslautern an, wo er zum Start erfolgreich die Aufstiegsrelegation gegen Dresden bestritt und mit seinem Team in die 2. Liga aufstieg. Im November 2023 wurde Schuster in Kaiserslautern entlassen. Im Februar unterschreib er beim georgischen Erstligisten Torpedo Kutaisi. *(42, 48, 90, 139)*

Schwarz, Sandro, geb. 17. Oktober 1978

Beim SV Wehen Wiesbaden, wo Schwarz zuletzt Spieler gewesen war, startete er 2009/10 als Co-Trainer. 2011 übernahm er den 1. FC Eschborn und stieg in die Regionalliga auf. Zwischen 2013 und 2015 coachte der Ex-Profi die U-19-Mannschaft von Mainz 05. Im Februar 2015 folgte er Martin Schmidt als Trainer der Amateurmannschaft. Zur Saison 2017/18 wurde er als Trainer des Erstligisten vorgestellt. In dieser Funktion arbeitete er bis November 2019. 2020 fing er bei Dynamo Moskau an und wechselte 2022 zu Hertha BSC. Im April 2023 erfolgte die Trennung. Seit Dezember 2023 ist er neuer Trainer von Red Bull New York. *(106, 112, 114, 162)*

Slomka, Mirko, geb. 12. September 1967
Zwischen 1989 und 1999 war Slomka Jugendtrainer bei Hannover 96. Er ging 1999 für eine Saison als Jugendkoordinator zu TB Berlin. 2001 wurde er unter Ralf Rangnick für drei Jahre Co-Trainer in Hannover, dem er in der gleichen Funktion nach Schalke folgte und zu dessen Nachfolger er im Januar 2006 ernannt wurde. Bis 2008 blieb er auf Schalke. Von 2010 bis 2013 übernahm er Hannover 96. Er rettete das Team in der ersten Saison vor dem Abstieg und führte es im zweiten Jahr auf die internationalen Plätze. 2012 scheiterte die Mannschaft in der Europa League erst im Viertelfinale an Atlético Madrid. Im Dezember 2013 kam es zur Trennung. Von Februar bis September 2014 hatte er das Traineramt beim Hamburger SV inne. Beim Karlsruher SC arbeitete er zwischen Januar und April 2017. Zu Beginn der Saison 2019/20 übernahm er Hannover in der 2. Liga. Nach zwölf Spieltagen kam es zur erneuten Trennung. *(77, 78, 79, 125)*

Svensson, Bo, geb. 4. August 1979
Der Däne trainierte von 2015 bis 2017 die U-16- und U-17-Mannschaften von Mainz 05. 2017 übernahm er das U-19-Team. Zwei Jahre später ging er zum FC Liefering in die 2. Österreichische Liga und arbeitete dort bis Januar 2021. Anschließend kehrte er als Cheftrainer zu Mainz 05 zurück, wo er im November 2023 zurücktrat. Zur Saison 2024/25 übernahm Svenson den den Bundesligisten 1. FC Union Berlin. In der Winterpause der Saison 2024/25 wurde er von seinen Aufgaben entbunden. *(99, 173)*

Tuchel, Thomas, geb. 29. August 1973
Von 2000 bis 2006 arbeitete Tuchel in der Jugendabteilung des VfB Stuttgart. Dann ging er zum FC Augs-

burg und trainierte die U-19-Mannschaft und später auch die Amateurmannschaft. 2008 lotste ihn Mainz 05 an den Bruchweg, wo er mit der U-19-Mannschaft Deutscher Meister wurde. Im August 2009 wurde er Nachfolger von Jörn Andersen, der gerade mit Mainz aufgestiegen war. In Mainz hatte er sehr erfolgreiche Jahre bis 2014. Nach einer Auszeit stieg er 2015 bei Borussia Dortmund ein, holte den Pokal 2017 und trennte sich vom Verein. Bei Paris Saint-Germain arbeitete Tuchel von 2018 bis 2020 und holte zweimal die Meisterschaft und einmal den Pokal. Seine erfolgreichste Zeit hatte er beim FC Chelsea, wo er 2021 Champions-League-Sieger, Weltpokalsieger und UEFA-Supercup-Gewinner wurde. Im April 2023 holte ihn Bayern München als Nachfolger von Julian Nagelsmann. Er sicherte sich dort in einem dramatischen Finale doch noch die Meisterschaft 2022/23. Im Sommer 2024 endet sein Engagement in München. Seit dem 1. Januar 2025 ist Tuchel Cheftrainer der englischen Fußballnationalmannschaft. *(36, 171)*

Wagner, David, geb. 19. Oktober 1971

Wagner wurde 2007 Trainer der U-19-Mannschaft der TSG Hoffenheim, 2008 übernahm er das dortige U-17-Team. Sein Vertrag wurde nicht verlängert. Als ausgebildeter Lehrer in Biologie und Sport startete er 2009 in ein Referendariat mangels Alternativen. 2011 trainierte er die Amateure von Borussia Dortmund, wechselte 2015 zu Huddersfield Town, wo er den Aufstieg in die Premier League bewerkstelligte. 2019 kam der Wechsel zu Schalke 04, wo er in der Rückrunde 2019/20 entlassen wurde. Von Juli 2021 bis März 2022 arbeitete er für Young Boys Bern. Im November 2023 ging Wagner zurück nach England, um Zweitligist Norwich City zu trainieren. Im Januar 2024 wurde

Wagner entlassen, nachdem der Aufstieg in die Premier League gescheitert war. Seit dem 1. Juli 2025 ist er Leiter Nachwuchs beim Bundesligisten RB Leipzig. *(27, 64, 88, 145, 160, 161)*

Wagner, Sandro, geb. 29. November 1987

Der ehemalige Bayernprofi startete 2021 als Trainer der U-19-Mannschaft der SpVgg Unterhaching. Im selben Jahr ernannte man ihn zum Cheftrainer des Viertligisten. Mit den Bayern stieg Wagner 2023 in die 3. Liga auf und wechselte als U-20-Co-Trainer zum DFB. Kurze Zeit später ernannte man ihn zum Co-Trainer der Nationalmannschaft unter Julian Nagelsmann. Nach der Endrunde der UEFA Nations League 2024/25 verließ Wagner den Verband. In der Saison 2024/25 wird Wagner Cheftrainer beim 1. FC Augusburg. *(100, 107, 122, 123, 148)*

Walter, Tim, geb. 8. November 1975

Von 2006 bis 2007 war Walter der Co-Trainer der U-19-Mannschaft des Karlsruher SC. Von 2007 bis 2013 trainierte er die U-15-, danach für eine Saison die U-17- und ab 2014 erneut die U-19-Mannschaft. 2015 wechselte er zum FC Bayern München und trainierte dort zunächst die U-17- sowie von 2017 bis 2018 schließlich die Amateurmannschaft der Münchner. 2018 begann er beim Zweitligisten Holstein Kiel, ein Jahr später lockte ihn der VfB Stuttgart, wo er aber nach nur wenigen Monaten wieder entlassen wurde. Von 2019 bis 2024 trainierte er den Hamburger SV in der 2. Liga. Zur Saison 2024/25 übernahm Walter den englischen Zweitligisten Hull City, von dem er sich jedoch bereits im November 2024 wieder trennte. *(41)*

Wormuth, Frank, geb. 13. September 1960
Seine ersten professionellen Erfahrungen als Trainer sammelte Wormuth in der Saison 1998/99 als Co-Trainer seines ehemaligen Mitspielers Joachim Löw bei Fenerbahçe Istanbul. Im Juli 1999 übernahm er das Amt des Cheftrainers beim in der Regionalliga Süd spielenden SC Pfullendorf. Dort arbeitete er bis zum März 2001. Danach war er kurze Zeit Trainer des FV Ravensburg. Zum Saisonstart 2002/03 unterschrieb Wormuth als Trainer beim Zweitligisten SSV Reutlingen 05. Kurz vor Saisonende wurde er jedoch wegen Erfolglosigkeit im Abstiegskampf für die letzten Partien durch Uwe Erkenbrecher ersetzt. Nach dieser Entlassung pausierte er die komplette nächste Saison, bevor er für die Spielzeit 2004/05 vom 1. FC Union Berlin als Trainer für die Regionalliga Nord verpflichtet wurde. Ende September 2004 wurde er dort jedoch bereits wieder entlassen. Von Juli 2005 bis Dezember 2006 war er Cheftrainer des VfR Aalen. Im Januar 2008 löste Wormuth Erich Rutemöller als Leiter der Fußballlehrerausbildung an der Hennes-Weisweiler-Akademie des DFB ab. Ab 2010 war er auch Trainer der deutschen U-20-Nationalmannschaft. 2018 schied er beim DFB aus und wurde Cheftrainer beim niederländischen Ehrendivisionär Heracles Almelo. Im Januar 2022 übernahm er den Ehrendivisionär FC Groningen. Dort wurde er im November 2022 entlassen. *(38, 125, 154)*

QUELLEN- UND LITERATURVERZEICHNIS

LEADERTALK

Addo, Otto, 29. Juni 2022
https://meinsportpodcast.de/leadertalk-fussball trainer-im-gespraech-2/otto-addo

Baum, Manuel, 18. Mai 2021
https://meinsportpodcast.de/leadertalk-fussball trainer-im-gespraech-2/manuel-baum

Berndroth, Ramon, 5. Februar 2021
https://meinsportpodcast.de/leadertalk-fussball trainer-im-gespraech-2/ramon-berndroth

Blessin, Alexander, 15. Juni 2021
https://meinsportpodcast.de/fussball/leadertalk-fussballtrainer-im-gespraech-2/alexander-blessin

Breitenreiter, André, 8. November 2023
https://meinsportpodcast.de/leadertalk-fussball trainer-im-gespraech-2/andre-breitenreiter

Daum, Christoph, 27. Juli 2021
https://meinsportpodcast.de/fussball/leadertalk-fussballtrainer-im-gespraech-2/christoph-daum

di Salvo, Antonio, 3. Mai 2023
https://meinsportpodcast.de/leadertalk-fussball
trainer-im-gespraech-2/antonio-di-salvo

Dutt, Robin, 18. Dezember 2020
https://meinsportpodcast.de/leadertalk-fussball
trainer-im-gespraech-2/robin-dutt

Elgert, Norbert, 3. November 2021
https://meinsportpodcast.de/fussball/leadertalk-
fussballtrainer-im-gespraech-2/norbert-elgert

Fink, Thorsten, 6. Oktober 2021
https://meinsportpodcast.de/fussball/leadertalk-
fussballtrainer-im-gespraech-2/thorsten-fink

Funkel, Friedhelm, 16. Oktober 2020
https://meinsportpodcast.de/leadertalk-fussball
trainer-im-gespraech-2/friedhelm-funkel

Gisdol, Markus, 26. Oktober 2022
https://meinsportpodcast.de/leadertalk-fussball
trainer-im-gespraech-2/markus-gisdol

Glasner, Oliver, 28. September 2022
https://meinsportpodcast.de/leadertalk-fussball
trainer-im-gespraech-2/oliver-glasner

Grings, Inka, 7. Februar 2024
https://meinsportpodcast.de/leadertalk-fussball
trainer-im-gespraech-2/inka-grings

Hecking, Dieter, 24. August 2021
https://meinsportpodcast.de/fussball/leadertalk-
fussballtrainer-im-gespraech-2/dieter-hecking

Hrubesch, Horst, 6. April 2021
https://meinsportpodcast.de/leadertalk-fussball
trainer-im-gespraech-2/horst-hrubesch

Hyballa, Peter, 5. März 2021
https://meinsportpodcast.de/leadertalk-fussball
trainer-im-gespraech-2/peter-hyballa

Klopp, Jürgen, 31. August 2022
https://meinsportpodcast.de/leadertalk-fussball
trainer-im-gespraech-2/juergen-klopp

Kohfeldt, Florian, 31. Mai 2023
https://meinsportpodcast.de/leadertalk-fussball
trainer-im-gespraech-2/florian-kohfeldt

Kohler, Jürgen, 13. Juli 2021
https://meinsportpodcast.de/fussball/leadertalk-
fussballtrainer-im-gespraech-2/juergen-kohler

Kramer, Frank, 25. Mai 2022
https://meinsportpodcast.de/leadertalk-fussball
trainer-im-gespraech-2/frank-kramer

Leitl, Stefan, 19. März 2021
https://meinsportpodcast.de/leadertalk-fussball
trainer-im-gespraech-2/stefan-leitl

Lerch, Stephan, 20. Oktober 2021
https://meinsportpodcast.de/fussball/leadertalk-
fussballtrainer-im-gespraech-2/stephan-lerch

Letsch, Thomas, 25. Januar 2023
https://meinsportpodcast.de/leadertalk-fussball
trainer-im-gespraech-2/thomas-letsch

Lienen, Ewald, 22. Januar 2021
https://meinsportpodcast.de/leadertalk-fussball
trainer-im-gespraech-2/ewald-lienen

Magath, Felix, 28. Juni 2023
https://meinsportpodcast.de/fussball/leadertalk-
fussballtrainer-im-gespraech-2/felix-magath

Meyer, Hans, 30. März 2022
https://meinsportpodcast.de/fussball/leadertalk-
fussballtrainer-im-gespraech-2/hans-meyer

Möhlmann, Benno, 4. Mai 2022
https://meinsportpodcast.de/fussball/leadertalk-
fussballtrainer-im-gespraech-2/benno-moehlmann

Neid, Silvia, 1. Juni 2021
https://meinsportpodcast.de/fussball/leadertalk-
fussballtrainer-im-gespraech-2/silvia-neid

Neururer, Peter, 27. Juli 2022
https://meinsportpodcast.de/leadertalk-fussball
trainer-im-gespraech-2/peter-neururer

Rangnick, Ralf, 18. September 2020
https://meinsportpodcast.de/leadertalk-fussball
trainer-im-gespraech-2/ralf-rangnick

Reis, Thomas, 15. Dezember 2021
https://meinsportpodcast.de/fussball/leadertalk-
fussballtrainer-im-gespraech-2/thomas-reis

Rohr, Gernot, 19. Februar 2021
https://meinsportpodcast.de/leadertalk-fussball
trainer-im-gespraech-2/gernot-rohr

Rose, Marco, 2. Oktober 2020
https://meinsportpodcast.de/leadertalk-fussball trainer-im-gespraech-2/marco-rose

Runjaić, Kosta, 7. September 2021
https://meinsportpodcast.de/fussball/leadertalk-fussballtrainer-im-gespraech-2/kosta-runjaic

Schaaf, Thomas, 30. August 2023
https://meinsportpodcast.de/leadertalk-fussball trainer-im-gespraech-2/thomas-schaaf

Schulte, Helmut, 4. Mai 2021
https://meinsportpodcast.de/leadertalk-fussball trainer-im-gespraech-2/helmut-schulte

Schuster, Dirk, 29. März 2023
https://meinsportpodcast.de/leadertalk-fussball trainer-im-gespraech-2/dirk-schuster

Schwarz, Sandro, 13. November 2020
https://meinsportpodcast.de/leadertalk-fussball trainer-im-gespraech-2/sandro-schwarz

Slomka, Mirko, 21. September 2021
https://meinsportpodcast.de/fussball/leadertalk-fussballtrainer-im-gespraech-2/mirko-slomka

Svensson, Bo, 20. April 2021
https://meinsportpodcast.de/leadertalk-fussball trainer-im-gespraech-2/bo-svensson

Wagner, David, 26. Januar 2022
https://meinsportpodcast.de/fussball/leadertalk-fussballtrainer-im-gespraech-2/david-wagner

Wagner, Sandro, 22. Februar 2023
https://meinsportpodcast.de/leadertalk-fussball trainer-im-gespraech-2/sandro-wagner

Walter Tim, 23. Februar 2022
https://meinsportpodcast.de/fussball/leadertalk-fussballtrainer-im-gespraech-2/tim-walter

Wormuth, Frank, 30. Oktober 2020
https://meinsportpodcast.de/leadertalk-fussball trainer-im-gespraech-2/frank-wormuth

PERSÖNLICHES INTERVIEW

Hitzfeld, Ottmar, 25. April 2023

TV-DOKUMENTATIONEN

Arteta, Mikel, All or Nothing: Arsenal, 2022

Flick, Hansi, All or Nothing: Die Nationalmannschaft in Katar, 2023

Kirsten, Ulf, Das Drama von Unterhaching, 2021
www.youtube.com/watch?v=-fyvVt3a-qQ&t=270s

INTERVIEWS

Klopp, Jürgen, Statement zum Abschied von Liverpool, 26. Januar 2024
www.youtube.com/watch?v=mHYsAgAx5I4

Nagelsmann, Julian, Pressekonferenz des DFB, 14. Oktober 2023
www.fr.de/sport/fussball/elf-freunde-nagelsmann-dfb-bundestrainer-usa-nationalmnnannschaft-92577741.html

Tuchel, Thomas, Interview bei Aspire Academy, 31. Mai 2015
www.youtube.com/watch?v=ewupvTiYsYI

BIOGRAFIEN

Gerland, Hermann, Immer auf'm Platz. Mein Leben für den Fußball. Droemer 2022

Hütter, Adi, in: Zeyringer, Jörg/Hütter, Adi: Wie man ein Meisterteam entwickelt. Springer 2019

Klinsmann, Jürgen, in: Kirschbaum, Erik: Jürgen Klinsmann – Fußball ohne Grenzen. Osnaton 2016

Menotti, Cesar Luis, in: Irnberger, Harald: Cesar Luis Menotti. Werner Eichbauer Verlag 2000

Schmidt, Frank, Unkaputtbar. Murmann Publishers 2023

Tuchel, Thomas, in: Meuren, Daniel/Schächter, Tobias: Thomas Tuchel – die Biografie. Werkstatt-Verlag 2020

ENDNOTEN

[1] Ralf Rangnick im LEADERTALK vom 18. September 2020
[2] Heinrich Pestalozzi in: Sämtliche Werke. Kritische Ausgabe. Begr. v. Arthur Buchenau, Eduard Spranger u. Hans Stettbacher. 31 Bde., Berlin und Zürich 1927–1996 (PSW 1–29)
[3] Ebd.
[4] Ebd.
[5] Peter Hyballa im LEADERTALK vom 5. März 2021
[6] Thomas Reis im LEADERTALK vom 15. Dezember 2021
[7] Stefan Leitl im LEADERTALK vom 19. März 2021
[8] Ralf Rangnick im LEADERTALK vom 18. September 2020
[9] Ewald Lienen im LEADERTALK vom 22. Januar 2021
[10] Vgl. https://de.wikipedia.org/wiki/Paretoprinzip
[11] Thomas Letsch im LEADERTALK vom 25. Januar 2023
[12] Ottmar Hitzfeld im persönlichen Gespräch am 25. April 2023 in Lörrach
[13] Jürgen Klopp im LEADERTALK vom 31. August 2022
[14] Mikel Arteta im Dokumentationsfilm: All or nothing: Arsenal, 2022
[15] Alexander Blessin im LEADERTALK vom 15. Juni 2021
[16] Christoph Daum im LEADERTALK vom 27. Juli 2021
[17] David Wagner im LEADERTALK vom 26. Januar 2022
[18] Felix Magath im LEADERTALK vom 28. Juni 2023
[19] Ramon Berndroth im LEADERTALK vom 5. Februar 2021
[20] Markus Gisdol im LEADERTALK vom 26. Oktober 2022
[21] Hans Meyer im LEADERTALK vom 30. März 2022
[22] Jürgen Kohler im LEADERTALK vom 13. Juli 2021
[23] Oliver Glasner im LEADERTALK vom 28. September 2022
[24] Jürgen Kohler im LEADERTALK vom 13. Juli 2021
[25] Manuel Baum im LEADERTALK vom 18. Mai 2021
[26] Thomas Tuchel am 31. Mai 2015 in Berlin: www.youtube.com/watch?v=ewupvTiYsYI

[27] Norbert Elgert im LEADERTALK vom 3. November 2021
[28] Inka Grings im LEADERTALK vom 7. Februar 2024
[29] Frank Wormuth im LEADERTALK vom 30. Oktober 2020
[30] Dieter Hecking im LEADERTALK vom 24. August 2021
[31] Thomas Schaaf im LEADERTALK vom 30. August 2023
[32] Horst Hrubesch im LEADERTALK vom 6. April 2021
[33] Tim Walter im LEADERTALK vom 23. Februar 2022
[34] Friedhelm Funkel im LEADERTALK vom 16. Oktober 2020
[35] Dirk Schuster im LEADERTALK vom 29. März 2023
[36] Jürgen Klopp im LEADERTALK vom 31. August 2022
[37] Christoph Daum im LEADERTALK vom 27. Juli 2021
[38] Ulf Kirsten in: Das Drama von Unterhaching – www.youtube.com/watch?v=-fyvVt3a-qQ&t=270s
[39] Christoph Daum im LEADERTALK vom 27. Juli 2021
[40] Dirk Schuster im LEADERTALK vom 29. März 2023
[41] Manuel Baum im LEADERTALK vom 18. Mai 2021
[42] Christoph Daum im LEADERTALK vom 27. Juli 2021
[43] Manuel Baum im LEADERTALK vom 18. Mai 2021
[44] Florian Kohfeldt im LEADERTALK vom 31. Mai 2023
[45] Norbert Elgert im LEADERTALK vom 3. November 2021
[46] Manuel Baum im LEADERTALK vom 18. Mai 2021
[47] Thomas Reis im LEADERTALK vom 15. Dezember 2021
[48] Hansi Flick: All or Nothing: Die Nationalmannschaft in Katar (2023)
[49] Horst Hrubesch im LEADERTALK vom 6. April 2021
[50] Felix Magath im LEADERTALK vom 10. August 2021
[51] Ewald Lienen im LEADERTALK vom 22. Januar 2021
[52] Kirschbaum, Erik: Jürgen Klinsmann – Fußball ohne Grenzen. Osnaton 2016, S. 227
[53] Mayer-Vorfelder, Gerhard: Ein stürmisches Leben: Erinnerungen. Hohenheim 2012, S. 227
[54] Kirschbaum, S. 239
[55] Jürgen Klopp im LEADERTALK vom 31. August 2022
[56] Vgl. Kirschbaum
[57] Fox Cabane, Olivia: Das Charisma-Geheimnis. MVG-Verlag 2013, S. 141
[58] Kirschbaum, S. 332
[59] Irnberger, Harald: César Luis Menotti. Werner Eichbauer Verlag 2000, S. 45
[60] David Wagner im LEADERTALK vom 26. Januar 2022
[61] Felix Magath im LEADERTALK vom 10. August 2021
[62] Jürgen Klopp im LEADERTALK vom 31. August 2022

[63] Goleman, Dave: Emotionale Intelligenz. dtv 1997
[64] Norbert Elgert im LEADERTALK vom 3. November 2021
[65] Mirko Slomka im LEADERTALK vom 21. September 2021
[66] Silvia Neid im LEADERTALK vom 1. Juni 2021
[67] Christoph Daum im LEADERTALK vom 27. Juli 2021
[68] Thomas Reis im LEADERTALK vom 15. Dezember 2021
[69] Ralf Rangnick im LEADERTALK vom 18. September 2020
[70] Norbert Elgert im LEADERTALK vom 3. November 2021
[71] Oliver Glasner im LEADERTALK vom 28. September 2022
[72] Markus Gisdol im LEADERTALK vom 26. Oktober 2022
[73] Thomas Schaaf im LEADERTALK vom 30. August 2023
[74] Norbert Elgert im LEADERTALK vom 3. November 2021
[75] Jürgen Klopp im LEADERTALK vom 31. August 2022
[76] Marco Rose im LEADERTALK vom 2. Oktober 2020
[77] Vgl. z. B. Half, Robert: Die Zeit ist reif. Glücklich arbeiten. – www.roberthalf.com/content/dam/roberthalf/press-releases/documents/de/de/pdf/robert-half-deutschland-gluecklich-arbeiten.pdf oder Microsoft: Studie Work Reworked: Warum Empathie die wichtigste Führungskompetenz in der hybriden Arbeitswelt ist. – https://news.microsoft.com/de-de/studie-work-reworked-warum-empathie-die-wichtigste-fuehrungskompetenz-in-der-hybriden-arbeitswelt-ist/
[78] Robin Dutt im LEADERTALK vom 18. Dezember 2020
[79] Ralf Rangnick im LEADERTALK vom 18. September 2020
[80] Otto Addo im LEADERTALK vom 29. Juni 2022
[81] Jürgen Klopp im LEADERTALK vom 31. August 2022
[82] David Wagner im LEADERTALK vom 26. Januar 2022
[83] Helmut Schulte im LEADERTALK vom 4. Mai 2021
[84] Thomas Reis im LEADERTALK vom 15. Dezember 2021
[85] Sandro Wagner im LEADERTALK vom 22. Februar 2023
[86] Helmut Schulte im LEADERTALK vom 4. Mai 2021
[87] Dirk Schuster im LEADERTALK vom 29. März 2023
[88] Benno Möhlmann im LEADERTALK vom 4. Mai 2022
[89] Ottmar Hitzfeld im persönlichen Gespräch am 25. April 2023 in Lörrach
[90] Vgl. Seligman, M. E./Csikszentmihalyi, M. (2000): Positive psychology. An introduction. The American Psychologist, 55, 5–14. http://dx.doi.org/10.1037/0003-066X.55.1.5
[91] Oliver Glasner im LEADERTALK vom 28. September 2022
[92] Zeyringer, Jörg/Hütter, Adi: Wie man ein Meisterteam entwickelt. Springer 2019
[93] Felix Magath im LEADERTALK vom 10. August 2021

94 Christoph Daum im LEADERTALK vom 27. Juli 2021
95 Ewald Lienen im LEADERTALK vom 22. Januar 2021
96 André Breitenreiter im LEADERTALK vom 8. November 2023
97 Christoph Daum im LEADERTALK vom 27. Juli 2021
98 Oliver Glasner im LEADERTALK vom 28. September 2022
99 Dieter Hecking im LEADERTALK vom 24. August 2021
100 Bo Svensson im LEADERTALK vom 20. April 2021
101 Sandro Wagner im LEADERTALK vom 22. Februar 2023
102 Zeyringer/Hütter, S. 41
103 Zeyringer/Hütter
104 Jürgen Klopp im LEADERTALK vom 31. August 2022
105 Christoph Daum im LEADERTALK vom 27. Juli 2021
106 André Breitenreiter im LEADERTALK vom 8. November 2023
107 Jürgen Klopp im LEADERTALK vom 31. August 2022
108 Robin Dutt im LEADERTALK vom 18. Dezember 2020
109 Sandro Wagner im LEADERTALK vom 22. Februar 2023
110 Marco Rose im LEADERTALK vom 2. Oktober 2020
111 Thomas Schaaf im LEADERTALK vom 30. August 2023
112 André Breitenreiter im LEADERTALK vom 8. November 2023
113 Peter Neururer im LEADERTALK vom 27. Juli 2022
114 Ottmar Hitzfeld im persönlichen Gespräch am 25. April 2023 in Lörrach
115 Friedhelm Funkel im LEADERTALK vom 16. Oktober 2020
116 Ottmar Hitzfeld im persönlichen Gespräch am 25. April 2023 in Lörrach
117 Sandro Schwarz im LEADERTALK vom 13. November 2020
118 Gernot Rohr im LEADERTALK vom 19. Februar 2021
119 Ottmar Hitzfeld im persönlichen Gespräch am 25. April 2023 in Lörrach
120 Florian Kohfeldt im LEADERTALK vom 31. Mai 2023
121 Sandro Schwarz im LEADERTALK vom 13. November 2020
122 Vgl. www.personio.de/hr-lexikon/psychologische-sicherheit/
123 Oliver Glasner im LEADERTALK vom 28. September 2022
124 Ewald Lienen im LEADERTALK vom 22. Januar 2021
125 Antonio di Salvo im LEADERTALK vom 3. Mai 2023
126 Silvia Neid im LEADERTALK vom 1. Juni 2021
127 Gernot Rohr im LEADERTALK vom 19. Februar 2021
128 Bixente Lizarazu: https://girondins4ever.com/breves/20210319/385882-bixente-lizarazu-cest-un-entraineur-qui-a-toujours-ete-dans-les-missions-les-plus-importantes-des-girondins-de-bordeaux/
129 Marco Rose im LEADERTALK vom 2. Oktober 2020
130 Sandro Wagner im LEADERTALK vom 22. Februar 2023
131 Thomas Schaaf im LEADERTALK vom 30. August 2023

[132] Frank Wormuth im LEADERTALK vom 30. Oktober 2020
[133] Mirko Slomka im LEADERTALK vom 21. September 2021
[134] Silvia Neid im LEADERTALK vom 1. Juni 2021
[135] Stephan Lerch im LEADERTALK vom 20. Oktober 2021
[136] Ewald Lienen im LEADERTALK vom 22. Januar 2021
[137] Schulz von Thun, Friedemann: Miteinander reden 1: Störungen und Klärungen. Allgemeine Psychologie der Kommunikation. Rowohlt 1981. Für weitere Informationen vgl. z. B. www.schulz-von-thun.de/die-modelle/das-kommunikationsquadrat
[138] Ewald Lienen im LEADERTALK vom 22. Januar 2021
[139] Markus Gisdol im LEADERTALK vom 26. Oktober 2022
[140] Peter Neururer im LEADERTALK vom 27. Juli 2022
[141] Markus Gisdol im LEADERTALK vom 26. Oktober 2022
[142] Hans Meyer im LEADERTALK vom 30. März 2022
[143] Ottmar Hitzfeld im persönlichen Gespräch am 25. April 2023 in Lörrach
[144] Mehr Informationen dazu z. B. in: Schmidt-Tanger, Martina (2012): Charisma-Coaching. Von der Ausstrahlungs- zur Anziehungskraft. Junfermann Verlag
[145] Dirk Schuster im LEADERTALK vom 29. März 2023
[146] Markus Gisdol im LEADERTALK vom 26. Oktober 2022
[147] Thorsten Fink im LEADERTALK vom 6. Oktober 2021
[148] Ottmar Hitzfeld im persönlichen Gespräch am 25. April 2023 in Lörrach
[149] Christoph Daum im LEADERTALK vom 27. Juli 2021
[150] Ottmar Hitzfeld im persönlichen Gespräch am 25. April 2023 in Lörrach
[151] Stefan Leitl im LEADERTALK vom 19. März 2021
[152] Dieter Hecking im LEADERTALK vom 24. August 2021
[153] Felix Magath im LEADERTALK vom 10. August 2021
[154] David Wagner im LEADERTALK vom 26. Januar 2022
[155] Friedhelm Funkel im LEADERTALK vom 16. Oktober 2020
[156] Silvia Neid im LEADERTALK vom 1. Juni 2021
[157] Sandro Wagner im LEADERTALK vom 22. Februar 2023
[158] Jürgen Klopp: Warum ich die Entscheidung getroffen habe, Liverpool zu verlassen: www.youtube.com/watch?v=mHYsAgAx5I4
[159] Jürgen Klopp im LEADERTALK vom 31. August 2022
[160] Frank Wormuth im LEADERTALK vom 30. Oktober 2020
[161] Robin Dutt im LEADERTALK vom 18. Dezember 2020
[162] Christoph Daum im LEADERTALK vom 27. Juli 2021
[163] Thomas Reis im LEADERTALK vom 15. Dezember 2021
[164] Peter Hyballa im LEADERTALK vom 5. März 2021
[165] Manuel Baum im LEADERTALK vom 18. Mai 2021

[166] Norbert Elgert im LEADERTALK vom 3. November 2021
[167] David Wagner im LEADERTALK vom 26. Januar 2022
[168] Schmidt, Frank: Unkaputtbar. Murmann Publishers 2023
[169] Ebd.
[170] David Wagner im LEADERTALK vom 26. Januar 2022
[171] Sandro Schwarz im LEADERTALK vom 13. November 2020
[172] Frank Kramer im LEADERTALK vom 25. Mai 2022
[173] Ottmar Hitzfeld im persönlichen Gespräch am 25. April 2023 in Lörrach
[174] Norbert Elgert im LEADERTALK vom 3. November 2021
[175] Jürgen Klopp im LEADERTALK vom 31. August 2022
[176] Dieter Hecking im LEADERTALK vom 24. August 2021
[177] Jürgen Klopp im LEADERTALK vom 31. August 2022
[178] Markus Gisdol im LEADERTALK vom 26. Oktober 2022
[179] Norbert Elgert im LEADERTALK vom 3. November 2021
[180] Kernis, Michael H./Goldman, Brian M.: A multicomponent conceptualization of authenticity: Theory and research. Washington 2000
[181] Meuren, Daniel/Schächter, Tobias: Thomas Tuchel – die Biografie. Werkstatt-Verlag 2020, S. 97
[182] Julian Nagelsmann auf der öffentlichen Pressekonferenz des DFB am 14. Oktober 2023
[183] Meuren/Schächter, S. 108
[184] Ebd. S. 109
[185] Inka Grings im LEADERTALK vom 7. Februar 2024
[186] Meuren/Schächter, S. 50
[187] Ebd. S. 255
[188] Ralf Rangnick im LEADERTALK vom 18. September 2020
[189] Bo Svensson im LEADERTALK vom 20. April 2021
[190] Gerland, Hermann: Immer auf'm Platz. Mein Leben für den Fußball. Droemer 2022, S. 90
[191] Jürgen Kohler im LEADERTALK vom 13. Juli 2021
[192] Ottmar Hitzfeld im persönlichen Gespräch am 25. April 2023 in Lörrach
[193] Kosta Runjaić im LEADERTALK vom 7. September 2021
[194] Ottmar Hitzfeld im persönlichen am 25. April 2023 in Lörrach
[195] Horst Hrubesch im LEADERTALK vom 6. April 2021
[196] Kosta Runjaić im LEADERTALK vom 7. September 2021
[197] Jürgen Klopp im LEADERTALK vom 31. August 2022
[198] Felix Magath im LEADERTALK vom 10. August 2021
[199] Jürgen Klopp im LEADERTALK vom 31. August 2022
[200] Jürgen Kohler im LEADERTALK vom 13. Juli 2021

DER COACH

Mounir Zitouni, Baujahr 1970, arbeitet seit vielen Jahren in Frankfurt als systemischer Business-Coach und unterstützt Menschen, aber auch Unternehmen in Sachen Leadership und Entwicklung. Der Deutschtunesier ist dazu ein ausgesprochener Kenner aller Facetten des Profifußballs. Er spielte zunächst selbst in der Jugend von Eintracht Frankfurt, wechselte dann nach Tunesien, wo er bei Esperance Tunis Meister, Pokalsieger und Nationalspieler wurde. Nach seiner Rückkehr nach Deutschland war er Profi unter anderem bei Kickers Offenbach, dem SV Wehen und dem FSV Frankfurt.

Parallel dazu absolvierte er eine Ausbildung zum Redakteur bei der Frankfurter Rundschau und wechselte nach seiner Fußballkarriere zum kicker-Sportmagazin, wo er 14 Jahre lang über Weltmeisterschaften, die Bundesliga und vor allem den FC Bayern München berichtete. Heute leitet er für große Versicherungen, Fußballklubs und mittelständische Unternehmen Workshops und coacht Führungskräfte aus der freien Wirtschaft, Fußballtrainer, aber auch Privatpersonen.

Mit seinem Podcast LEADERTALK hat Zitouni zudem ein einzigartiges Format ins Leben gerufen, in dem Fußballpersönlichkeiten über ihr Leadership-Verständnis sprechen. Zitouni schrieb 2020 die Autobiografie von Ex-Nationalspieler Dieter Müller und ist regelmäßig Gast beim wichtigsten Fußballtalk Deutschlands, dem Sport1-Doppelpass.